Virgil Schmid

Spielend verkaufen

Virgil Schmid

Spielend verkaufen

Wie Sie Ihre Kunden mit originellen Ideen begeistern

REDLINE | VERLAG

Bibliografische Information der Deutschen Nationalbibliothek:
Die Deutsche Nationalbibliothek verzeichnet diese Publikation in der Deutschen Nationalbibliografie; detaillierte bibliografische Daten sind im Internet über **http://d-nb.de** abrufbar.

Für Fragen und Anregungen:
schmid@redline-verlag.de

1. Auflage 2013

© 2013 by Redline Verlag, ein Imprint der Münchner Verlagsgruppe GmbH,
Nymphenburger Straße 86
D-80636 München
Tel.: 089 651285-0
Fax: 089 652096

Unter Mitarbeit von Dr. Petra Begemann,
Bücher für Wirtschaft + Management, Frankfurt am Main,
www.petrabegemann.de

Redaktion: Desirée Simeg, Gersthofen
Umschlagabbildung: Kristin Hoffmann, iStockphoto.com
Satz: Grafikstudio Foerster, Belgern
Druck: Konrad Triltsch GmbH, Ochsenfurt
Printed in Germany

ISBN Print 978-3-86881-368-5
ISBN E-Book (PDF) 978-3-86414-313-7

Weitere Informationen zum Verlag finden sie unter

www.redline-verlag.de

Beachten Sie auch unsere weiteren Imprints unter
www.muenchner-verlagsgruppe.de

Liebe Leserinnen und Leser,

in diesem Buch finden Sie immer wieder QR-Codes. Um diese Codes zu nutzen, benötigen Sie ein Smartphone und eine entsprechende App, die Ihr Smartphone zu einem QR-Code-Reader macht. Lesen Sie die abgedruckten QR-Codes mithilfe der App ein, und Sie gelangen zu Bildern und Videos der im Buch beschriebenen Spiele und Aktionen auf der Webseite www.spielend-verkaufen.ch.

Falls Sie kein Smartphone besitzen – kein Problem! Dann schauen Sie sich die Beispiele einfach im Internet an. Sie finden eine Liste mit den entsprechenden Links am Ende des Buchs.

Viel Vergnügen beim Stöbern und Entdecken wünscht

Virgil Schmid

Inhalt

Vorspiel: Die Zeit des »Anhauens, Umhauens, Abhauens« ist vorbei!

Im Verkauf zählt heute vor allem eines: Glaubwürdigkeit. Die Zeit des »Anhauens, Umhauens, Abhauens« ist definitiv vorbei. Wer dennoch darauf setzt, dem laufen die Kunden in Scharen davon, und sie haben recht damit! Dasselbe gilt für alle, die anderen den Weg zum erfolgreicheren Verkaufen weisen wollen: Auch von Trainern und Beratern erwarten ihre Kunden heute Authentizität. Gefragt sind Experten, die das, was sie empfehlen, selbst mit Erfolg unter Beweis gestellt haben und ihre Teilnehmer und Zuhörer für neue Wege begeistern können.

Virgil Schmid ist ein solcher Experte. Er hat das Verkaufen von der Pike auf gelernt und von der Ausbildung bis zur Verkaufsleitung selbst praktiziert. Er ist mit Leib und Seele Kaufmann und mit Feuer und Flamme Verkaufstrainer, Coach und Speaker. Und er ist eine unerschöpfliche Ideenquelle, wie Verkauf auch ganz anders als gewohnt funktionieren kann: spielerischer, fantasievoller, humorvoller. Er haucht frustrierten Vertriebsmannschaften wieder Spaß am Job ein und zeigt Einzelhändlern, wie sie ihre Kunden zum Schmunzeln und ihre Kasse zum Klingeln bringen können. Er bringt Verkäufer in Bewegung und inspiriert sie zu neuen, positiven Kundenerlebnissen. Virgil Schmid ist ein »buntes Ei« in der Trainerbranche, überraschend und begeisternd.

Spielerisches Verkaufen ist gelebte Kundenbegeisterung. Wie können Sie Ihre Kunden zum Lachen bringen, verblüffen, mit neuen Ideen positiv überraschen? Wie können Sie sie zum Mitmachen animieren und enger an sich binden? Wie können Sie ihnen ein emotionales (Kauf-)Erlebnis bescheren, das sie so rasch nicht vergessen? Spielerisches Verkaufen ist zugleich gelebte Mitarbeiterbegeisterung, denn nur wer selbst positiv gestimmt ist, kann positiv auf andere zugehen.

Wie Sie spielend verkaufen können, zeigt Virgil Schmid in diesem Buch mit einer Fülle von Ideen und Impulsen für große wie kleine Unternehmen. Ich bin sicher: Sein Buch wird Meilensteine setzen und viele Manager zum Umdenken bringen. Und ich verspreche Ihnen: Gehen Sie mutig einen neuen, spielerischen Weg im Verkauf, und Ihnen tun sich ungeahnte Möglichkeiten auf!

Ralf R. Strupat

Experte für Kundenbegeisterung und Autor von *Das bunte Ei*

Teil I: Spielanlässe

>>Es kommt darauf an, sich von den anderen zu unterscheiden;
ein Engel im Himmel fällt niemandem auf.<<

George Bernhard Shaw

1.   Wer spielt, gewinnt Kunden!

Die unglaubliche Müsli-Mix-Maschine

Knapp 300 Millionen Euro geben die Deutschen im Jahr für Müsli aus. Die Erfindung des Schweizer Arztes Maximilian Oskar Bircher-Benner ist heute in ganz Europa beliebt. In den Supermarktregalen machen sich die Produkte der Lebensmittelkonzerne von Nestlé über Kellogg's bis Dr. Oetker Konkurrenz. Und dann sind da noch die etablierten Familienunternehmen von Kölln bis Seitenbacher. Was würden Sie drei Studenten sagen, die angesichts dieser Marktlage fröhlich verkünden: Wir machen eine Müsli-Firma auf?

Bevor Sie den Dreien vorschnell einen Vogel zeigen: Wir sprechen hier von einem Erfolgsmodell, bei dem aus einer studentischen Frotzelei binnen weniger Monate einträglicher Ernst wurde. Denn die Kunden spielten von Anfang an mit. Warum? Gegenfrage: Mögen Sie eigentlich Rosinen im Müsli? Und was würden Sie davon halten, wenn Sie Ihr ganz persönliches Lieblingsmüsli mit Ihren Lieblingszutaten kreieren und ihm dazu noch einen witzigen Namen verpassen könnten? Mymuesli macht's möglich!

Drei Passauer Studenten auf dem Weg zum Badesee. Im Autoradio läuft der Werbespot einer Müslifirma aus dem Odenwald, der die Kunden im heimeligen Dialekt beschwört, etwas für die Gesundheit zu tun und dafür dieses Müsli zu kaufen. Hier spricht in der Tat der Inhaber selbst, erkennbar kein Profi-Sprecher – und die gebetsmühlenartige Wiederholung des Firmennamens kann einem arg auf den Wecker gehen. Was manche Radiohörer bewegt, den Sender zu wechseln, bringt die Badeausflügler auf eine Idee: »Nicht nur sollten wir bessere Radiowerbung machen – warum nicht gleich ein besseres Müsli?« Nachzulesen ist diese Gründungsgeschichte auf der Homepage von Mymuesli.

Wer sagt eigentlich, dass die besten Ideen in grauen Meetingräumen oder aufwendig geplanten Kreativ-Workshops entstehen? Wohl jeder hat schon einmal in Gedanken »Was wäre, wenn?« gespielt. Was wäre beispielsweise, wenn sich jeder sein eigenes Müsli mixen könnte und sich niemand mehr über verhasste Rosinen ärgern müsste? Wenn

Allergiker sichergehen könnten, dass im ihrem Müsli keine Mandeln sind? Wenn Schokofreaks und Gesundheitsfreunde gleichermaßen auf ihre Kosten kämen? Am 30. April 2007 ging www.mymuesli.com online, ein Shop, in dem Kunden aus Dutzenden von Zutaten ihr Lieblingsmüsli selbst mixen und bestellen können. Fünf Jahre später boomt der Internetverkauf, sind Niederlassungen in Großbritannien und der Schweiz gegründet, Ladengeschäfte eröffnet und ist eine neue Müsli-Maschine in Betrieb genommen, die nach Auskunft der Gründer 566 Billiarden verschiedene Müslisorten abfüllen kann (kein Druckfehler, sondern Potenzrechnung). Eigene Werbespots gibt es inzwischen auch. Sie können ja mal selbst schauen, ob Sie Ihnen besser gefallen als die der Konkurrenz.

Die spielerisch entwickelte Idee schlägt ein, auch weil sie Kunden Einzigartigkeit verspricht und zum Mitmachen einlädt – zum Spiel mit inzwischen über 75 Zutaten, die der Käufer individuell mixen und in eine Dose mit einem beliebigen Schriftzug packen kann. Einzige Einschränkung: nicht mehr als 18 Buchstaben. Wie verspielt Erwachsene sein können, zeigen Aufdruckwünsche wie »Mähdrescher« oder »Eherettungsversuch«. Mymuesli bietet ein Kauferlebnis, das vielen Menschen deutlich mehr Spaß macht als die Lektüre der kleingedruckten Zutatenlisten im Supermarktregal. Dafür zahlen sie gerne etwas mehr und tragen zusätzlich noch die Versandkosten. Auch Firmenkunden wissen den Service von Mymuesli zu schätzen. So verschenkte beispielsweise die Kolping Krankenkasse Schweiz ein eigens komponiertes Müsli an Kunden und Partner. Die sympathische Überraschung »für Ihre Gesundheit« passte perfekt zum Organisationsziel und kam prima an. Die Kasse, die beim Internet-Vergleichsdienst Comparis Bestnoten erzielte, weiß offenbar, wie man sich von Wettbewerbern abhebt.[1]

Produkte sind austauschbar, Kauferlebnisse nicht

Wie gut »Spielen« und »Verkaufen« zusammenpassen, wurde mir vor vielen Jahren bewusst, als ich zufällig auf die »Fish!«-Philosophie stieß. Es war sozusagen Liebe auf den ersten Blick. Viele von Ihnen werden die Geschichte des Pike Place Fishmarket in Seattle

---

[1]   Vgl. www.mykolping.ch

kennen. Und wenn nicht, auch kein Problem, denn sie ist schnell erzählt: Der Fischhändler John Yokoyama stand fast vor dem Aus, als ein junger Verkäufer in einer Krisensitzung vorschlug, dann müsse man eben »weltberühmt« werden.[2] Was absurd klang, führte zu einer völlig neuen Art des Verkaufens. Statt passiv hinter ihren Fischtheken zu stehen, begannen die Verkäufer, sich die Fische zuzuwerfen, verbunden mit dem Warnruf »Fish!« Wenn ein Riesenlachs durch die Luft segelt, ist eine Warnung der Umstehenden durchaus angebracht. Neben dem kunstvollen Werfen, bei dem schon mal im Chor »Sechs Krabben auf den Flug nach Wisconsin!« gebracht werden, entdeckten die Verkäufer ihren Humor. Es sieht beispielsweise ziemlich komisch aus, wenn ein großer Karpfen auf dem Arm des Fischverkäufers zur Handpuppe mutiert, die auf den Kunden einredet.

Die Kunden mochten das Spiel, der Fischmarkt entwickelte sich zur Attraktion. Allein das Zuschauen macht vielen Menschen Spaß. Andere werden von den Verkäufern einbezogen und stellen beispielsweise fest, wie schwierig es ist, selbst einen Fisch aufzufangen. Die Kunden können mitspielen und sie genießen es. Von Krise ist auf dem Pike Place Fischmarkt keine Rede mehr. *Fish!*, das Buch über den Markt und die dahinter stehende Philosophie, wurde auch in Europa zum Bestseller. Die Kernsätze der Fish!-Philosophie lauten:

➤ **Spielen und Spaß haben:** Wie das funktionieren kann, haben Sie gerade gelesen. Aus Gewohnheiten ausbrechen, neue Spielregeln erfinden, etwas auf eine Weise tun, die anders ist und die man selbst mag. Freude ist ansteckend, die meisten Menschen können sich einer vergnüglichen Atmosphäre kaum entziehen. Selbst wenn man eben noch schlechter Laune war, überträgt sich die positive Energie eines fröhlichen Gegenübers auf einen selbst. Und in einer Situation, in der man es nicht erwartet, wirken Spiel und Spaß noch stärker.

➤ **Die persönliche Einstellung wählen:** Wer sich entscheidet, seine Arbeit zu lieben, wird Glück, Lebenssinn und Erfüllung erfahren. Glauben Sie nicht? Also, wenn das sogar auf einem Fischmarkt im regnerischen Seattle, bei Kistenschlepperei und kaltem Fisch funktioniert … Anders als viele Menschen glauben, sind wir unseren Gefühlen nicht hilflos ausgeliefert. Unsere Gedanken und Bewertungen bestimmen unsere Gefühle. Der Verkäufer, der überzeugt ist, dass Kunden grundsätzlich eher anstrengend und nervig sind, wird tagtäglich Bestätigungen dafür finden. Sein Kollege, der seine Kunden schätzt und es genießt, mit ihnen in Kontakt zu treten, ebenso.

---

[2] Unter www.pikeplacefish.com/about/world-famous/ können Sie die Geschichte nachlesen.

➤ **Anderen Freude bereiten:** Wer anderen positive Gefühle verschafft, bekommt selbst auch welche. Denken Sie beispielsweise daran, wie Sie sich gefühlt haben, als Sie das letzte Mal mit einem Geschenk einen echten Volltreffer gelandet haben. Das alte Sprichwort »Geteilte Freude ist doppelte Freude« stimmt tatsächlich. Offenbar sind wir Menschen so gestrickt, dass wir uns gut fühlen, wenn wir dafür sorgen, dass andere sich gut fühlen. Positive soziale Kontakte wirken sogar lebensverlängernd, wie die Altersforschung regelmäßig bestätigt.

➤ **Präsent sein:** Damit ist die Kunst gemeint, sich total auf den Moment und das aktuelle Gegenüber zu konzentrieren. Aufmerksamkeit zählt zu den knappsten Ressourcen unserer Tage. Im Zeitalter der Smartphones und Tablet-PCs, Dutzender Fernsehsender und anderer Ablenkungen, bei Hektik und Stress allerorten wird es immer seltener, dass jemand einem anderen seine ungeteilte Aufmerksamkeit schenkt. Erinnern Sie sich noch daran, wann ein Verkäufer sich das letzte Mal total auf Sie eingestellt hat? Darin liegt eine persönliche Wertschätzung, die unwiderstehlich wirkt.

Auf Youtube finden Sie verschiedene Videos, auf denen Sie sich den Pike Place Markt in Aktion anschauen und die Geschicklichkeit der Verkäufer beim Fischewerfen bewundern können. Nach wenigen Sekunden wird beim Zuschauen klar: Ein Besuch hier ist wirklich ein Erlebnis.

Ich ahne, was einige von Ihnen jetzt denken: Das ist wieder so eine typisch amerikanische Erfolgsgeschichte. Bei uns funktioniert das nie! Schließlich kann man Versicherungspolicen schlecht werfen, und auch bei Porzellan wäre das wenig ratsam. Ich behaupte: Spielerische Elemente lassen sich in allen Branchen und Verkaufsbereichen einbauen; es muss ja nicht immer geworfen werden. Man muss sich nur trauen, und ein bisschen Fantasie gehört natürlich auch dazu. In diesem Buch möchte ich den Beweis antreten und Ihnen anhand zahlreicher Beispiele und Ideen zeigen, wie Sie »spielend verkaufen« können, und zwar mehr und besser als bisher. Denn Menschen lieben alles, was Abwechslung vom Alltag verspricht, ein Erlebnis bietet. Und in der Hinsicht ist das Spiel einfach unschlagbar.

Unternehmen, die spielen

Es gibt sie längst: Unternehmen, die auf Spiel und Spaß setzen und damit bestens verdienen. Und damit meine ich nicht die angestaubten »Gewinnspiele«, bei denen Kunden ein paar banale Fragen gestellt werden und es in erster Linie ums Adressensammeln geht – wie inzwischen auch den meisten Adressaten klar ist. Zur Einstimmung auf richtige Verkaufsspiele hier einige Beispiele:

 Das **Grand Casino in Baden** ist das wirtschaftlich erfolgreichste Casino in der Schweiz. Das Erfolgsgeheimnis: Man setzt dort auch abseits des Roulette-Tischs konsequent auf spielerische Elemente. Beispielsweise werden Spieler, deren »Lieblingsautomat« zusammenbricht, von einem fürsorglichen »Dr. Technik« in Arztkleidung abgeholt und an der Bar humorvoll verarztet, bis »ihr« Automat wieder funktioniert. Der komödiantisch begabte Arzt entspannt nicht nur den Spieler, sondern sorgt auch bei den Umstehenden für gute Laune. In Baden gibt es Croupiers, die zur Verblüffung der Gäste plötzlich einen Song anstimmen (und richtig gut singen können). Es gibt auch Kellner, die auf Inlineskates herangeflitzt kommen, mit dem Sektkübel und den Gläsern unter dem Arm. Dafür inseriert man nicht in der Tageszeitung (obwohl »Kellner mit Erfahrung im Inlineskaten« sicher ein Hingucker wäre). Das Grand Casino nutzt vorhandene Talente der Mitarbeiter. Wissen Sie eigentlich, was Ihre Leute alles können? Auf Fantasie und Vorlieben der Mitarbeiter zu setzen zahlt sich für das Grand Casino in Franken und Rappen aus. 2011 gab es darüber hinaus den »Swiss Excellence Award« in der Kategorie »Nutzen für Kunden schaffen«.

 Die Mitarbeiter des **Großmarkts Landi Marthalen** laden die Kunden zu einem »Tag des Hundes« ein. Dazu bauen sie einen Geschicklichkeitsparcours aus Artikeln für Hunde und Vierbeiner mit Herrchen oder Frauchen dürfen hier zeigen, was sie drauf haben. Ergebnis der Aufforderung zu Spiel und Spaß: eine Verfünffachung des Hundefutterumsatzes.

 Im **Radisson Blu** in Zürich wird der Wein nicht einfach vom Kellner gebracht. Nein, dort schwebt ein »Weinengel« in Gestalt einer weiß gekleideten Tänzerin anmutig aus fünfzehn Metern Höhe vom Weinturm herunter und serviert den überraschten Gästen ihren Wein. Zuvor hat sie die gewünschte Flasche mit einem Flug à la Superman dort oben aus einem riesigen Weinregal gepickt. Ein anderes Restaurant gibt Gästen die Möglichkeit, per iPad und Google Street View einen virtuellen Rundgang durch die Weingüter bevorzugter Weine zu machen. Verkaufseffekt: Die Gäste bestellen exklusivere und teurere Weine.

Drei unterschiedliche Branchen, drei unterschiedliche Formen zu spielen – ein lustiges Rollenspiel, ein Wettkampf oder Geschicklichkeitsspiel und eine artistische Performance. Der Effekt ist in allen Fällen derselbe: Kundenbegeisterung. Dahinter steckt die nicht mehr ganz neue Erkenntnis, dass Kunden in den Industrienationen heute mehr suchen als die solide Befriedigung ihrer Bedürfnisse. Sie haben die Qual der Wahl zwischen einer kaum noch überschaubaren Fülle von Angeboten, wobei sich die meisten nüchtern betrachtet kaum unterscheiden. Also kaufen Kunden dort, wo es am billigsten zu sein scheint – oder eben dort, wo man ihnen das beste Gefühl vermittelt! Und Spiele wecken fast automatisch gute Gefühle, weil sie bunte Inseln im grauen Einerlei des Alltags sind.

 Es ist daher kein Zufall, dass einige sehr erfolgreiche Produktformen der letzten Jahre auf Spiel und Erlebnis basieren. Bleiben wir kurz beim Thema Restaurantbesuch. Kaum jemand geht abseits der Firmenkantine nur deshalb essen, um satt zu werden. Wer ins Restaurant geht, sucht Entspannung, Erholung vom Alltag. Italienische Wirte, die uns mit touristenfreundlichem Italienisch, Riesenpfeffermühle und Italohits in Urlaubsstimmung versetzen, wissen das sehr genau. Inzwischen haben wir uns aber so sehr daran gewöhnt, dass zum Italiener gehen schon fast ein Synonym ist für »nichts Besonderes«. Findige Leute kamen daher auf die Idee, wie man ein Essen wieder zum echten Erlebnis machen könnte: als Krimi-Dinner! Das »Original« (Eigenwerbung von Original Krimidinner) versetzt seine Gäste in Zeit und Ambiente eines Edgar-Wallace-Romans und inszeniert mit Schauspielern vom Chief Inspector samt adeliger Verlobter bis zum Butler einen Krimi, bei dem die Gäste auf Mörderjagd gehen. Man kostümiert sich im Stil der Zeit und spielt begeistert mit, »Tatorte« finden sich mittlerweile von Hamburg bis München (www.krimidinner.de). In der Schweiz heißt das Ganze »Dinnerkrimi« (www.dinnerkrimi.ch), in Österreich »Dinner &

Crime« (zum Beispiel über http://at.mydays.com). Und weil die Gäste begeistert sind, wenn sie nicht »nur« essen, sondern auch spielen, mitmachen und sich verkleiden können, gibt es inzwischen Märchendinner, Schlagerdinner, Draculadinner, Westerndinner, Musicaldinner, Gangsterdinner, Weltreisedinner und vieles mehr (zum Beispiel unter www.galadinner.de), von historischen Tafelrunden oder Ausflügen in die Welt Al Capones ganz zu schweigen. Wer will da noch behaupten, dass Erwachsene nicht gerne spielen?

 Auf Mitmachangebote und Spiel setzt auch die Jochen Schweizer GmbH (www.jochen-schweizer.de), die seit 2004 Erlebnisse vermarktet und inzwischen rund 300 feste und freie Mitarbeiter beschäftigt. Was das mit Spielen zu tun hat? Viele der Angebote machen Kinderträume wahr: selbst Bagger fahren, Hubschrauber fliegen, im Formelwagen über die Rennstrecke brausen, Paintball spielen, im Fotoshooting das Topmodel mimen, als CSI-Spezialist einen Tatort sichern und Spuren suchen, einen Piratenfechtkurs machen, rund um die Wartburg auf Schatzsuche gehen, ein Blockhaus bauen, Pokern oder Zaubern lernen, Autos zertrümmern … Spielerische Elemente bestimmen auch die Werbung des Münchener Unternehmens. Während ich dieses Kapitel schrieb, war gerade Fußball-Europameisterschaft. Passend bewarb Jochen Schweizer in seinem Newsletter die Angebote mit unfreiwillig komischen Fußballerzitaten. Beim Whisky-Tasting kam beispielsweise Franz Beckenbauer zu Wort: »Der Grund war nicht die Ursache, sondern der Auslöser.« Wer seine Kunden an einem trüben Regenmorgen zum Schmunzeln bringt, kann so schlecht nicht sein, oder?

Der Erfolg von Motto-Dinnern oder abenteuerlichen Erlebnissen belegt eines: Auch Erwachsene spielen gerne, und wer dieses Bedürfnis bedient, hat gute Chancen, sehr erfolgreich zu verkaufen. Dafür müssen Sie nicht Ihr Unternehmen völlig umkrempeln oder Ihre Produktpalette auf den Kopf stellen. Es geht lediglich darum, spielerische Elemente in Ihren Verkaufsalltag zu integrieren. Das funktioniert überall. Sogar auf Fischmärkten.

Menschen begeistern in der »Zuvielgesellschaft«

Wer spielend verkaufen will, ist herausgefordert, seine Komfortzone zu verlassen, denn die meisten Erwachsenen und damit auch die meisten Verkäufer trauen sich nur in ihrer Freizeit zu spielen. »Erst die Arbeit, dann das Vergnügen«, rät man im Deutschen, und selbst die als humorvoll bekannten Briten meinen: »Work, or play«. Offenbar ist die Sorge groß, beim Spiel unnütz Zeit zu verplempern oder von anderen nicht mehr ernst genommen zu werden. Wie genial das Spiel als Lernchance und Erfahrungsraum ist und was ein gutes Spiel auszeichnet, ist Thema des nächsten Kapitels. Hier geht es erst einmal darum, warum es auch wirtschaftlich für Unternehmen und Verkäufer sinnvoll ist, sich aufs Spielen einzulassen.

Um mit der Tür ins Haus zu fallen: Ein Spiel gewinnt zunächst die Aufmerksamkeit und dann die Herzen. Es löst damit ein zentrales Problem vieler Unternehmer und Verkäufer: »Wie begeistern wir Menschen in unserer Zuvielgesellschaft?« So formuliert es René Eugster, Chef der (Werbe-)Agentur am Flughafen; übrigens auch ein Unternehmen, das konsequent auf spielerische Momente setzt, schon auf der eigenen Website. Vielleicht schauen Sie mal rein: www.agenturamflughafen.ch. Von »Zuvielisation« spricht auch der Marketingexperte Hermann Scherer und verweist auf knapp 30.000 Artikel im durchschnittlichen Warenhaus, 24.000 neue Artikel jährlich allein im Lebensmitteleinzelhandel, 1.000 neue Bücher pro Woche und 200 neue Parfüms jährlich. Was auch immer Sie verkaufen: Die Zahl der Mitbewerber ist sehr wahrscheinlich groß. Wie ziehen Sie in diesem Überangebot die Aufmerksamkeit des Kunden auf sich? Durch Werbung? Das ist mutig, denn Schätzungen zufolge ist jeder Kunde heute durchschnittlich 3.000 Werbebotschaften ausgesetzt. Marketing-Guru Martin Lindstrom spricht in seinem Buch *Brand Sense* sogar von 5.000. Nicht pro Jahr, sondern täglich! Wenn Sie alle Zeitungsanzeigen, Litfasssäulen und Plakatwände, Radio- und TV-Spots, Aufkleber auf Bussen und Taxen, Newsletter und Zeitungsbeilagen, Internetbanner, Spam-Mails und Social-Media-Kampagnen addieren, klingt das nicht mehr ganz so unglaublich.

Die meisten Menschen blenden Werbung inzwischen einfach aus, es sei denn, sie kommt witzig (spielerisch?!) daher und nicht als platte Propaganda für ein Produkt. Die allermeisten Menschen hassen Callcenter-Anrufe. Sie werfen Mailings ungelesen weg. Sie füttern die Katze, wenn die Fernsehwerbung läuft, oder sie räumen in der Zeit die Spülmaschine aus. Sie glauben nicht mehr an die Schneller-besser-weiter-Versprechen. Schließlich wusch Dash schon 1964 »so weiß – weißer geht's nicht!«. Platte »Kauf mich!«-Appelle mag keiner mehr hören. »Spiel mit mir« klingt da viel verlockender.

Kunden kaufen heute also nicht mehr, weil ihnen jemand beste Qualität verspricht. Die meisten Produkte sind aus der Sicht des Konsumenten austauschbar. Ob es sich dabei um teure oder preisgünstige Produkte, um Lebensmittel oder Investitionsgüter handelt, spielt an sich keine große Rolle. Dass die Verkäufermärkte der Fünfziger- und Sechzigerjahre Käufermärkten gewichen sind, nehmen Marketingexperten zum Anlass für immer neue Theorien, wie Kunden heute noch zu erreichen und zum Kaufen zu bewegen sind. Hier einige Lösungsangebote der letzten Jahre.

Guerilla-Marketing

Beim Guerilla-Marketing schleicht sich das Kaufangebot im Tarnanzug auf leisen Sohlen heran, beispielsweise durch spektakuläre Aktionen, die für Aufmerksamkeit sorgen und bei denen das Produkt nur noch mittelbar eine Rolle spielt. Als Urheber gilt der Marketingexperte Jay Conrad Levinson, der Mitte der Achtzigerjahre Aktionen empfahl, die mit geringem Mitteleinsatz große Aufmerksamkeit erregen. »Clever werben mit jedem Budget« lautet daher der Untertitel seines wegweisenden Buchs *Guerilla-Marketing des 21. Jahrhunderts.*

Als die holländische Brauerei Bavaria bei der Fußball-Weltmeisterschaft eine Gruppe von 35 hübschen blonden Frauen in orangefarbenen Minikleidern als Zuschauerinnen in ein Stadion schickte, die für Eingeweihte auch ohne Firmenlogo als »Bavaria Beer Babes« erkennbar waren, sorgte der orangefarbene Block beim Spiel Holland gegen Dänemark für viel Aufmerksamkeit. Und als dann noch die Fifa der Brauerei den Gefallen tat, die Damen des Stadions zu verweisen und einige Blondinen sogar vorübergehend verhaftet wurden, worüber die Presse groß berichtete (darunter unter anderem *Handelsblatt, Die Zeit, Focus* und *Standard*), hatte man viel Wirkung mit wenig Aufwand. So geschehen im Juni 2010. Das Produkt ist vermeintlich Nebensache – und rückt doch ins kollektive Bewusstsein. Längst investieren auch Konzerne größere Summen in Guerilla-Aktionen, etwa VW durch humorige Spots mit dem bekannten Komiker Hape Kerkeling in seiner Paraderolle als schmieriger Lokalreporter (»Horst Schlämmer in der Fahrschule«). Die werden nicht im Fernsehen gesendet, sondern bei Youtube eingestellt und von Kerkeling-Fans hunderttausendfach angeklickt.

Die Methoden des Guerilla-Marketings unterstreichen, dass mitten im Werbetrommelfeuer unserer Tage die Werbung am effektivsten sein könnte, die vom Kunden kaum als solche wahrgenommen wird.

Neuromarketing

Was wäre, wenn man einen Blick direkt in den Kopf seiner Kunden werfen könnte? Der Magnetresonanztomograf (MRT) macht das technisch möglich, und so entstand das Neuromarketing. Einer der bekanntesten Vertreter ist der Psychologe Hans-Georg Häusel, der 2004 das Buch *Brain Script* veröffentlichte (ab 2008 unter dem Titel *Brain View*). Den »Kaufen!«-Knopf im Gehirn findet man so zwar nicht, denn mehr als die Aktivierung bestimmter Gehirnregionen zeigt eine MRT-Aufnahme nicht. Die Forschungsergebnisse untermauern jedoch, dass (Kauf-)Entscheidungen überwiegend unbewusst und damit nicht rational fallen. Häusel beziffert den Einfluss des Unterbewusstseins auf rund 80 Prozent. Seine Kernthese: Menschliches Verhalten wird überwiegend gesteuert von drei »Motiv- und Emotionssystemen im Gehirn«:

➤ dem **Balance-System,** das uns nach Sicherheit und Ruhe streben und Gefahren vermeiden lässt,

➤ dem **Dominanz-System,** das uns nach Macht und Autonomie streben lässt, danach, besser und stärker sein zu wollen als andere,

➤ dem **Stimulanz-System,** das uns nach Abwechslung, nach neuen Reizen und Erfahrungen jenseits des Gewohnten suchen lässt.

Man muss kein Psychologe sein, um zu ahnen, dass ein roter Ferrari eher das Dominanz-System anspricht, eine Hausratversicherung das Balance-System und eine Fernreise das Bedürfnis nach Stimulanz. Doch nur wenige Produkte lassen sich so schematisch zuordnen. Am Beispiel der Biermarken Radeberger und Beck's illustriert Häusel, dass beide Marken unterschiedliche Emotionen bedienen – Radeberger mit der Betonung von Tradition und Premium-Qualität das Balance-System, Beck's mit der Anbindung an Abenteuer und Erlebnis das Stimulanz- und das Dominanz-System. Passend dazu erscheint in der Radeberger-Werbung die festlich beleuchtete Semper-Oper, in der Beck's-Werbung eine Hochsee-Yacht in steifer Brise mit sportlichen Seglern.[3]

Die Kernbotschaft des Neuromarketings lautet: Ein Kunde kauft ein bestimmtes Produkt nicht überwiegend, weil ihm sein Verstand dazu rät, sondern weil mit dem Kauf bestimmte emotionale Bedürfnisse erfüllt werden. Dies oder jenes zu kaufen verschafft gute Gefühle. Nicht wirklich brandneu, das wussten Millionen Ehefrauen, deren Männer im Showroom des Autohauses zu kleinen Jungen mutieren, schon immer. Genauso wie Millionen Ehemänner ahnen, warum (ganz bestimmte) astronomisch teure Handtaschen spitze Schreie bei ihren Angetrauten auslösen können. Aber jetzt ist es sozusagen amtlich – wichtig ist, dass Sie als Verkäufer eine gute Antwort auf folgende Frage haben: Welches Gefühl vermitteln Sie Kunden, wenn sie bei Ihnen kaufen? Die meisten Verkäufer konzentrieren sich auf rationale Argumente – sie wenden sich zu 90 Prozent an den Verstand ihrer Kunden und nur zur 10 Prozent an ihr Gefühl. Die meisten Kunden dagegen reagieren im Verkaufsgespräch zu 90 Prozent emotional und werden nur zu 10 Prozent von ihrer Ratio beeinflusst.

---

[3]   Häusel, *Brain View,* S. 170 ff.

Sensorisches Marketing

Der jüngste Star unter den Marketingexperten ist der Däne Martin Lindstrom. Aufsehen erregte er etwa mit seinem Buch *Brand Sense*, in dem er erklärt, »warum wir starke Marken fühlen, riechen, schmecken, hören und sehen können« – so der Untertitel des Werks. Seine Kernthese: Die meisten Markenmanager und Werbestrategen setzen einseitig auf visuelle und auditive Reize und damit auf Sinne, die ohnehin mit Botschaften überflutet werden. Sie ignorieren, dass Menschen über fünf Sinne verfügen. Starke Marken sprechen mehr Sinneskanäle an und schaffen so eine emotionale Kundenbindung. Coca-Cola beispielsweise wird in eine Glasflasche gefüllt, die man blind im Dunkeln ertasten könnte. Kellogg's Cornflakes erzeugen beim Essen ein Knuspergeräusch und ein »crunchiges« Kauerlebnis, das für Cornflakes-Esser zum Genuss gehört. Singapore Airlines verfügt über einen ganz bestimmten Duft, bei Erfrischungstüchern an Bord ebenso wie beim Parfum der exotisch gewandeten Flugbegleiterinnen. Diese Duftnote hat sich die Fluggesellschaft eigens schützen lassen.

Vielleicht ahnen Sie inzwischen, warum der Brotstand bei Supermärkten in der Regel im Eingangsbereich liegt oder warum manche Jeanshersteller ihre Ware beduften. Aber auch haptische Erlebnisse binden Kunden, etwa bei Schokolade wie der dreieckigen Toblerone oder der quadratischen Ritter Sport, die noch dazu mit einem besonderen Knack aufzubrechen ist. Sensorisches Marketing schärft das Bewusstsein dafür, dass Kunden sinnliche Wesen sind, die auf allen Sinnesebenen angesprochen werden können.

Zusammengefasst ergibt das folgende Marketingerkenntnisse:

➤ Kunden schotten sich gegen herkömmliche Werbung immer mehr ab. Erfolgversprechender ist eine Kundenansprache, die nicht als platte Werbung daherkommt.

➤ Kunden entscheiden nicht rational, sondern überwiegend stark emotional und unbewusst. Sie kaufen, weil ihr Bedürfnis nach neuen Reizen (Stimulanz), nach Überlegenheit/Gewinn (Dominanz) oder nach Sicherheit (Balance) befriedigt wird.

➤ Kunden können auf allen Sinneskanälen angesprochen werden. Wer nicht nur das Auge und das Ohr bedient, sondern weitere sinnliche Erfahrungen bietet, wird erfolgreicher verkaufen.

Wer Kunden zum Spielen einlädt, schlägt alle drei Fliegen mit einer Klappe: Er setzt nicht auf platte »Kauf-mich!«-Werbung, sondern auf eine indirekte Kundenansprache. Er kann seinen Kunden etwas völlig Neues bieten oder auch die Möglichkeit, sich im spielerischen Wettkampf zu messen. Und er kann ganzheitliche Erlebnisse kreieren, bei denen seine Kunden nicht nur zum Hören und Sehen aufgefordert sind, sondern mit allen Sinnen einbezogen werden. Es ist höchste Zeit für Verkäufer, zu spielen!

Machen Sie Ihr Spiel!

Kunden kaufen zu 90 Prozent emotional und zu 10 Prozent rational. Verkäufer appellieren zu 10 Prozent an Emotionen und zu 90 Prozent an den Verstand. Haben Sie Lust, die Spielregeln zu ändern?

Produkte, die Spielräume eröffnen (zum Beispiel Erlebnisgeschenke oder Motto-Dinner) boomen. Das beweist: Auch Erwachsene spielen gerne!

Einige Unternehmen integrieren bereits mit großem Erfolg spielerische Elemente in ihr Geschäft – vom Casino über den Supermarkt bis zum Müsliproduzenten. Es zahlt sich im doppelten Wortsinne aus, sich für Spiele zu öffnen!

2. Warum Menschen gerne spielen und was ein Spiel ausmacht

Rennende Hühner, »Nanos« und »Entdeckerjahre« im Einzelhandel

Mit 86.000 Mitarbeitern in über 140 Ländern ist Migros der größte private Arbeitgeber in der Schweiz. Die Handelskette ist seit den Vierzigerjahren genossenschaftlich organisiert und schreibt seit ihrer Gründung 1925 eine Erfolgsgeschichte. 2011 lag der Jahresumsatz bei knapp 25 Milliarden Schweizer Franken. Fragt man Kunden, was ihnen zu Migros einfällt, fallen aber ganz andere Stichworte: Das Huhn »Chocolate« etwa, eine landesweite Berühmtheit. In den Werbespots des »Detailhändlers«, wie man in der Schweiz sagt, rennt es in olympiareifer Geschwindigkeit vom bäuerlichen Hühnerstall durch Wiesen und Felder, über Straßen und Zebrastreifen zum Hintereingang des Migros in der nächsten Stadt, um dort sein Ei gerade noch rechtzeitig direkt im Sechserkarton zu legen. In einem anderen Film überzeugt es die etwas trägere Kuh »Muffin«, ihre Milch euterfrisch abzuliefern.

Unvergessen sind auch die »Nanos«, die Anfang 2011 die Schweiz in »Nanomania« versetzten. Nanos sind Spielfiguren in Eiform, die auf so fantasievolle Namen wie »Animalos«, »Spuukies« und »Robots« hören und laut Auskunft des Unternehmens vom »kleinsten Planeten der Milchstraße« angereist sind. Oder die »Animanca«-Aktion, mit der der Händler 2012 zum »Entdeckerjahr« ausrief. Slogan: »Wo führt dich deine Neugier hin?« Im Zentrum stand die Tierwelt ferner Kontinente, die es mit Spielsteinen, Holzbrettspiel und Stickeralbum zu erkunden galt.

Kurz gesagt: Migros spielt. Und die Kassen klingeln.

Wie verkauft man erfolgreich Lebensmittel? Über Qualität, Frische und Geschmack? Damit lockt man heute niemanden mehr hinter dem Ofen hervor, schon gar nicht die durch hohe Discounterdichte preisverwöhnten Deutschen. Migros geht andere, fantasievollere Wege. Dort setzt man das Fish!-Prinzip »Spielen & Spaß haben« so konsequent um wie in kaum einem anderen Großunternehmen, sei es als kreatives Mittel zur Erhöhung der Aufmerksamkeit in der Werbung, sei es in der Web-Strategie zur Vermehrung der Kundenkontakte auf der Website. So findet der Kunde auf der Homepage unter »Angebote & Aktionen« bei Migros ganz selbstverständlich die Rubrik »Spiele« mit Quiz-Spielen, Wettbewerben und Spiele-Apps zum Herunterladen. Dabei lässt man sich regelmäßig etwas Neues einfallen, vom »Handy-Weitwurf« bis zum Gewinnspiel mit der Webcam im Hühnerstall »Welches Huhn legt das neue Ei?« Beim »ersten interaktiven Eierlegen-Tippspiel live aus dem Hühnerstall« waren bis zu 15.000 Schweizer Franken zu gewinnen.

Falls Sie persönlich sich weder für Hühnerwetten noch für leidenschaftliches Nano-Sammeln erwärmen können: die Generation Y, gern auch als »Spiele-Generation« bezeichnet, sieht das möglicherweise ganz anders. Die frechen Stehauf-Figürchen lösten einen wahren Hype um »Nanos«, »Supernanos«, »Jokertage« und »Multiboxen« aus und waren auch bei 16- bis 18-Jährigen sehr beliebt. Dass der »Raketen-Nano« viel zu schnell vergriffen war, beschäftigte die nationale Presse; von Kunden gedrehte Videos mit Nano-Figuren wurden auf Youtube tausendfach angeklickt. Die *Handelszeitung* errechnete anhand der ausgegebenen Figuren ein Umsatzvolumen von 1,2 Milliarden Schweizer Franken während der sechswöchigen Aktion (für 20 Schweizer Franken Einkauf gab es einen Nano, für 60 einen Supernano). Projektleiter Roman Reichelt von Migros berichtet von einem Umsatzplus von bis zu 50 Prozent an Nano-Jokertagen.[4] Ein erstaunliches Ergebnis, das unterstreicht, wozu eine Spielaktion führen kann – und dass man kaum überschätzen kann, wie gerne Menschen spielen.

---

[4] Vgl. »Migros überrannt: Grossverteiler hatte zu wenig ›Raketen‹-Nanos« unter www.blick.ch sowie Handelszeitung Nr. 12 vom 24. März 2011 (»Kleine Kerle, grosses Geschäft«).

Die unterschätzte Macht des Spiels

Sie spielen nicht? Das kaufe ich Ihnen nicht ab! Den ersten Spielkontakt haben wir oft schon am frühen Morgen, wenn wir das Radio anstellen. Bei fast jedem lokalen Sender rufen die Moderatoren auf, mitzuraten, mitzumachen und mitzugewinnen. Ob es darum geht, zu schätzen, wie viele Tannennadeln der Redaktionsweihnachtsbaum heute verloren hat, oder darum, »Wahr-oder-falsch«-Geschichten einzuschätzen und auf diese Weise Konzertkarten zu gewinnen, oder darum, einen Tipp für den Ausgang des abendlichen Länderspiels abzugeben und dabei gegen die Sportredaktion anzutreten – zur Kundenbindung setzen Sender auf Spiele. Und selbst wenn Sie niemals dort anrufen: In Gedanken spielen Sie mit.

Spiele begleiten uns durch den Tag

Spiele gibt es nicht nur im Radio. In langweiligen Meetings wird unterm Tisch schon mal »Bullshit-Bingo« gespielt[5], in der Mittagspause eine Runde Tischtennis oder Kicker. Nach Feierabend trifft man sich zum Volleyball, Basketball oder Fußball, zum Tennis oder Squash. Zu Hause empfängt einen der Nachwuchs mit der Aufforderung: Spiel mit mir! – und ist das geschafft, freuen wir uns auf einen gemütlichen Fernsehabend. Dort erwarten uns: Quizshows von *Wer wird Millionär?* bis *Das große Quiz der Tiere*, Wettkämpfe von *Deutschland sucht den Superstar* bis *Germany's (oder Austria's) Next Topmodel* und die Ziehung im Mittwochslotto. Bei uns in der Schweiz punktet man täglich bei *Weniger ist mehr* oder fiebert bei *Top Secret* mit. Überall gilt: Wenn nicht in der Runde getalkt oder im Krimi ermittelt wird, wird gespielt.

Spiele sind allgegenwärtig

Kinder und Jugendliche können sich eine Welt ohne Computerspiele kaum noch vorstellen. Spiele erobern die Smartphones und Altersheime, wo man sich mit der Wii-Konsole fit hält. Kaum eine Fußgängerzone kommt ohne Spielhalle aus, und kaum ein Haushalt ohne »Spiele-Schublade«, in der sich Brettspiele, Kartenspiele, Geschicklichkeitsspiele und Geduldsspiele türmen. Seit über 30 Jahren, genau seit 1979, wird das »Spiel des Jahres« prämiert; virtuelle Rollenspiele wie *Second Life* faszinieren Unzählige, andere treten in »Massive Multiplayer Online Role-Playing Games«, kurz MMORPGs, gegeneinan-

---

[5] Falls Sie das nicht kennen: eine Art »Schiffe versenken«, bei dem statt Schiffen Businessphrasen und denglische Floskeln erledigt werden.

der an. Beim bekanntesten MMORPG, *World of Warcraft*, spielten im August 2011 weltweit über 11 Millionen Menschen mit; *Second Life* führt laut Wikipedia sogar 28 Millionen Benutzerkonten. Der Bundesverband Interaktive Unterhaltungssoftware (BIU) meldete für die deutsche Computerspielbranche 2011 einen Umsatz von fast 2 Milliarden Euro; allein der Umsatz mit virtuellen Gütern in Spielen wie *Farmville* betrug in den USA im Jahr 2010 1,6 Milliarden Dollar.[6] Längst macht das Stichwort »Gamification der Gesellschaft« die Runde. Unternehmen überlegen, wie sie eine Generation, die mit Video- und Computerspielen groß geworden ist, am Arbeitsplatz in Anlehnung an diese Erfahrungen einarbeiten, motivieren und zum Wissensaustausch anregen kann. Ein Whitepaper der Firma Bunchball – »Enterprise Gamification. The Gen Y Factor« (2012) zeigt, wohin die Reise geht.[7] Wer direktes Feedback gewöhnt ist und sichtbare Erfolge, etwa das Erreichen des nächsten Levels, gibt sich beispielsweise am Arbeitsplatz kaum mit einem Jahresgespräch alle zwölf Monate zufrieden. Die »Generation Why« stellt nicht nur immer mehr Mitarbeiter, sondern auch immer mehr Kunden – vermutlich auch in Ihrem Business. Und diese Kunden sind »verspielter« als jede Generation vorher! Haben Sie darauf eine Antwort?

Auch Tiere spielen

Katzen, die hinter einem Wollknäuel herjagen, oder Hunde, die bellend dazu auffordern, doch endlich den Ball für sie zu werfen – wer ein Haustier hat, weiß, dass auch Tiere mit Begeisterung spielen. Verhaltensforscher berichten von Delfinen, die mit selbst erzeugten Luftblasen spielen, sogar von Kraken, die sich mit Korken vergnügen (wobei einem unter Wasser acht Arme vermutlich ganz nützlich sind). Säugetiere üben Bewegungsabläufe und trainieren Sozialverhalten im Spiel, es wird spielerisch gebalzt und gerauft.[8] Was für ein unschlagbares Lerninstrument das Spiel ist, erlebten meine Frau und ich nach dem Kauf unserer Friesenstute Vita, die sich als scheues Wildpferd erwies. Wo herkömmliche Pferdetrainer zu schmerzhaftem Drill rieten, waren wir mit Geduld und Spiel erfolgreich. Heute kann man mit Vita nicht nur Ball spielen – sie lässt sich problemlos anfassen und reiten.

---

6   Vgl. www.golem.de und Martina Kühne, »Spielerische Kundenpflege«; in: *GDI Impuls* Nr. 3/2010, S. 19.
7   Download im Internet unter www.bunchball.com/sites/default/files/white_papers/ bunchball_gamification_at_work.pdf
8   Einen Überblick über tierisches Spielverhalten gibt Elisa Schmitt in dem Artikel »Warum wilde Tiere spielen«. In: *Welt am Sonntag* vom 29.05.2011, im Internet unter www.welt.de.

Spiele sind uralt

Das älteste bekannte Brettspiel, das kreisförmige Schlangenspiel namens Mehen, wurde in Ägypten im dritten Jahrtausend vor Christus gespielt. Schon vor 2.000 Jahren kannten die Chinesen das Zahlenlotto, Keno, das zur Finanzierung der Großen Mauer gespielt wurde. Nach der griechischen Mythologie haben die Götter das Spiel erfunden, und aus der römischen Antike ist bis heute der Vorwurf des Satirikers Juvenal überliefert, das Volk gebe sich mit Brot und Spielen zufrieden. Gemeint waren Zirkusspiele (»panem et circensis«). Zu spielen oder sich durch Spiele unterhalten zu lassen, scheint ein Grundbedürfnis des Menschen zu sein. Der Dichter Friedrich Schiller meinte gar: »Der Mensch spielt nur, wo er in voller Bedeutung des Wortes Mensch ist, und er ist nur da ganz Mensch, wo er spielt.«[9] Schiller hatte das Theater im Sinn, also das Rollenspiel, dem außerhalb der Bühne ja nicht nur in *Second Life* oder *World of Warcraft*, sondern auch beim Krimidinner oder in Karneval und Fastnacht gefrönt wird.

Spiele sind umstritten

Dennoch ist der Ruf des Spiels zwiespältig. Der Kirche galt es jahrhundertelang als lasterhafter Müßiggang; Glücksspiele waren lange Zeit verboten. Erst im 17. Jahrhundert hob der Vatikan das Spielverbot auf, Wetten und Lotterien stehen bis heute unter staatlicher Aufsicht. Spiele können so reizvoll sein, dass sie süchtig machen und zur dauerhaften Flucht aus der Realität führen. Die protestantische Arbeitsethik stellt nüchterne Pflichterfüllung, Selbstbeherrschung und Mäßigung in den Lebensmittelpunkt; Spiel, Spaß und Vergnügen werden in die Freizeit verbannt. Berufliche Tätigkeit und Spielen sind in diesem Verständnis Gegensätze. Das prägt uns bis heute. Allenfalls Kinder dürfen spielen, und die tun es seit jeher mit Begeisterung. Doch sollte man wirklich aufs Spielen verzichten, nur weil es einzelne Auswüchse gibt? Dann dürfte man auch keinen Wein mehr trinken, keine Schokolade essen, nicht Auto fahren und vieles mehr.

Wenn Sie sich an glückliche Momente Ihrer Kindheit erinnern, werden Sie feststellen, dass diese oft mit selbstversunkenem Spiel zu tun haben. Ältere Menschen erzählen noch nach Jahrzehnten mit leuchtenden Augen, wie schön es war, ein Baumhaus zu zimmern, mit anderen Kindern das Viertel unsicher zu machen oder tagelang an Lego-Modellen weiterzubauen. Spielend erobern Kinder die Welt; sie lernen spielerisch greifen, laufen, sprechen, mit anderen zu kooperieren. Sie probieren Rollen aus (»Vater-Mut-

---

[9] Aus Schillers Abhandlung *Über die ästhetische Erziehung des Menschen.*

ter-Kind«), messen sich in Wettkämpfen und trainieren ihre Geschicklichkeit. Dafür braucht es weder Stundenpläne noch Arbeitsaufgaben. Spielen funktioniert auch später noch: Wenn ich in meinen Seminaren Spiele einsetze, vergessen die Teilnehmer die Zeit. Nach anfänglichem Zögern machen sie begeistert mit, erproben spielerisch neue Wege, auf Menschen zuzugehen, sich über ihre eigenen Stärken klarzuwerden oder Kunden einmal ganz anders anzusprechen. Ich bin überzeugt: Wer im Verkauf auf das Spiel verzichtet, beschneidet seine Möglichkeiten, positiv auf Kunden zuzugehen, potenzielle Neukunden auf sich aufmerksam zu machen und vorhandene Kundenbindungen zu festigen. Denn: Spielen macht einfach Spaß!

Was Spiele unwiderstehlich macht

Was genau ist ein Spiel? An Definitionen und Kategorisierungen haben sich Generationen von Pädagogen, Psychologen und Anthropologen versucht. Eine sehr treffende Beschreibung gibt der niederländische Kulturhistoriker Johan Huizinga schon 1938 in seinem Buch *Homo Ludens* (Der spielende Mensch): »Spiel ist eine freiwillige Handlung oder Beschäftigung, die innerhalb gewisser Grenzen von Zeit und Raum nach freiwillig angenommenen, aber unbedingt bindenden Regeln verrichtet wird, ihr Ziel in sich selber hat und begleitet wird von einem Gefühl der Spannung und Freude und einem Bewusstsein des ›Andersseins‹ als das ›gewöhnliche Leben‹.« Ausgehend davon schauen wir uns kurz die Merkmale eines gelungenen Spiels an.

Spielen ist immer freiwillig

Menschen spielen gerne, aber nur, wenn sie sich selbst frei dazu entscheiden können. Wo Zwang herrscht, enden Spiel und Spaß. Das bedeutet: Sie können Ihre Kunden nur zum Spiel einladen, sie durch originelle Ideen neugierig machen, amüsieren, unterhalten. Je besser Sie ihren Nerv treffen, desto mehr werden mitmachen. Und es wird immer einige geben, die sich dem Spiel entziehen, weil es ihnen nicht gefällt oder im Moment nicht passt. Gerade die Freiwilligkeit macht Spiele reizvoll – Sachzwänge und Pflichten gibt es im Leben schließlich genug! Kein Wunder, dass viele Kunden dankbar sind für eine kleine Spielpause im Alltag.

Spielen braucht Regeln und Freiraum zugleich

Auch wenn das Spiel eine Gegenwelt zum Alltag entwirft, hat jedes Spiel Regeln. Beim Dinnerkrimi kann nicht plötzlich ein Dracula auftauchen, den Supernano gibt es nur an Jokertagen. Wer sich nicht an die Regeln hält, gilt als Spielverderber. Totale Regellosigkeit mündet in Willkür oder Chaos. Gleichzeitig braucht ein Spiel Freiräume. Wenn jeder Schritt haarklein vorgeschrieben ist, leidet der Spaß. Der Reiz eines Spiels besteht gerade darin, dass man in einem durch Regeln definierten Rahmen in Wettstreit tritt, etwas ausprobieren und neue Erfahrungen machen kann. Ein Spiel, das herausfordernd genug ist, um spannend zu sein, und gleichzeitig leicht genug, um Erfolgserlebnisse zu bescheren, kann Spieler daher in jenen Flow-Zustand versetzen, den der Kreativitätsforscher Mihály Csíkszentmihályi als perfekte Balance zwischen Langeweile und Überforderung beschrieben hat. Jeder kennt diesen Zustand, in dem die Zeit wie im Flug vergeht. Für spielerische Momente im Verkauf bedeutet das: Auch hier gibt es Regeln, mal weniger, mal mehr. Ein gutes Verkaufsspiel auszutüfteln kann daher ganz schön aufwendig sein! Und wer seine Mitarbeiter zum spielerischen Umgang mit Kunden motivieren will, wird mit ihnen gemeinsam ebenfalls Leitplanken für ihre Aktionen festlegen. Im Grand Casino Baden gibt es beispielsweise spontane Gesangs-, Inlineskating- oder Comedy-Einlagen; trotzdem kann auch hier nicht jeder alles machen, was er will. Spielregeln fordern heraus und geben Sicherheit zugleich, Freiräume spornen an und eröffnen neue Möglichkeiten.

Spielen ist Handeln

… oder »Beschäftigung«, wie Huizinga schreibt. Wer spielt, ist persönlich involviert, taucht ein in die Welt des Spiels, kurz: Er spielt mit. Wer spielerisch verkauft, lädt Kunden zum Mitmachen ein. Das können größere oder kleinere Aktivitäten sein. Wer am »Tag des Hundes« teilnimmt, geht mit seinem Vierbeiner auf den Geschicklichkeitsparcours. Wer der Einladung zum Mitternachtsshopping im abgedunkelten Einkaufszentrum folgt, muss vielleicht nur eine Kopfleuchte aufsetzen oder eine Kerze in die Hand nehmen. Aber auch er tut etwas, wird aktiv. Ein gutes Verkaufsspiel führt dazu, dass Käufer und Verkäufer auf angenehme Weise miteinander in Kontakt treten und der Kunde aus seiner passiven Konsumentenrolle herausgelockt wird. Selbst etwas zu tun, eingebunden zu werden, macht einfach Freude. Ist Ihnen schon einmal aufgefallen, dass bei Rock- und Popkonzerten der Applaus dann am größten ist, wenn das Publikum zum Mitsingen aufgefordert wurde und die Halle sich in einen Backgroundchor verwandelt hat?

Spielen ist zweckfrei

Spielen habe sein »Ziel in sich selber«, schreibt Huizinga. Für Verkäufer klingt das heikel, denn sie wollen schließlich eins: verkaufen! Das ändert aber nichts daran, dass spielerische Momente für Kunden dann einen Reiz haben, wenn sie vom Kunden nicht extra erkauft werden müssen und nicht direkt der Umsatzsteigerung dienen. Am »Tag des Hundes« kann auch teilnehmen, wer kein Hundefutter kauft. Der Weinengel kredenzt den Wein, ohne dass dafür eine Fluggebühr fällig wird. Die Nanos gibt es beim Einkauf dazu, und beim Mitternachtsshopping muss sich niemand am Eingang verpflichten, für einen Mindestbetrag einzukaufen. Spiele sind ein kleines Geschenk an den Kunden, das Freude macht, gute Laune verbreitet oder Abwechslung bietet. Der Kunde »zahlt« erst einmal mit Interesse für das Spiel und Sympathie für den Verkäufer. Dass dies seine Kaufbereitschaft steigert, ist durchaus beabsichtigt, aber nicht Teilnahmebedingung.

Spielen macht Spaß

Das »Gefühl der Spannung und Freude«, das Huizinga beschreibt, setzt voraus, dass ein Spiel den Geschmack der Zielgruppe trifft. Der ist bei 5-, 15- und 50-Jährigen nicht unbedingt derselbe. Manche Spiele-App zielt ganz klar auf ein junges Publikum ab, manche Events wenden sich klar an Frauen oder Männer, Paare oder Eltern, Kinder oder Senioren. Andererseits steht auf vielen Spielekartons nicht zufällig die Altersangabe »6–99 Jahre«. Spiele können nämlich auch Hierarchien und Altersgrenzen aufheben: Beim Memory schlägt die Vierjährige Mama oder Papa lässig, beim Floßbau im Teamseminar kann der Azubi dem Chef womöglich noch etwas beibringen. Auch das macht den Reiz von Spielen aus. Wenn beispielsweise im Rahmen der Frankfurter Lichtausstellung »Luminale« eine Bank ihren Büroturm zum Riesen-»Hau-den-Lukas!« umrüstet, bei dem man per Hammerschlag das Treppenhaus beleuchten kann, machen alle mit – vom Kind bis zum Pensionär, und der Name des Bankhauses erstrahlt zukünftig vielleicht in etwas milderem Licht.

Die allermeisten Menschen begegnen einer Aufforderung zum Spielen erfreut und aufgeschlossen. Das hängt auch damit zusammen, dass Spiele und Spielsituationen mit positiven Erinnerungen verbunden sind. Der renommierte Neurowissenschaftler António Damásio liefert eine wissenschaftliche Begründung dafür. Für ihn wird jedes Erlebnis mit einer emotionalen Bewertung gespeichert, die in späteren Entscheidungssituationen wieder abgerufen wird. Damásio spricht von »somatischen Markern«, die sich ins Gedächtnis eingraben, positiv wie negativ. Wer einmal auf die heiße Herdplatte gefasst hat, wird eine rotglühende Platte zeitlebens mit gewissem Unbehagen betrachten. Wer als Kind gern gespielt hat (und wer von uns hat das nicht?), wird Spiele weiterhin mögen, wenn er älter wird. Ein Spiel stößt quasi die Tür zur Kindheit auf. Und noch mehr: Wer von Ihnen in eine spielerische, lustige, unterhaltsame Situation geführt wird – wem Sie ein positives Erlebnis bescheren –, wird diese Erfahrung danach gedanklich mit Ihrem Unternehmen beziehungsweise Ihrem Produkt verknüpfen. Eine bessere Verkaufsförderung können Sie sich kaum wünschen.

Spielen heißt aus Gewohnheiten ausbrechen

Zu spielen ist eine besondere Situation, eine Auszeit vom Alltag – eben etwas anderes als »das gewöhnliche Leben«, wie es in der Spiel-Definition oben heißt. Wer spielerisch verkauft, bietet seinen Kunden also kleine Fluchten aus dem Alltagsleben. Das beginnt bei simplen Gesten und kurzen Momenten, etwa wenn am nächsten Freitag, dem 13., Glückspfennige an die Kunden verteilt werden, und es endet bei aufwendigeren Aktionen wie bei dem »Schulranzentag« vor der Einschulung im VW-Autohaus in Frankfurt. Kinder konnten hier den schönsten Ranzen gewinnen und sich auf einer kleinen Kirmes vergnügen, während die Eltern ganz nebenbei sahen, welche neuen Automodelle eingetroffen waren. Für einen kurzen Moment etwas anderes tun als das Übliche, die ausgetretenen Pfade spielerisch verlassen, erhöht die Lebensfreude.

Spielen im Verkauf

Vielleicht vermissen Sie allmählich eine übergeordnete Systematik des Spiels. Was verbindet Schulranzentag und Erlebnisdinner, Nanomania und humorige Werbespots für frische Lebensmittel und Dr. Technik im Spielcasino? »Es gibt keine allgemeingültigen Klassifizierungen von Spielen«, stellt das Internetlexikon Wikipedia dazu lapidar fest. Pädagogen haben beispielsweise Konstruktionsspiele (wie Lego), Rollenspiele (wie Vater-Mutter-Kind), Regelspiele (wie Brettspiele), Bewegungsspiele und Lernspiele unterschieden. Der französische Philosoph und Spieltheoretiker Roger Caillois ging davon aus, dass beim Spielen Wettkampf (»Agon«), Zufall (»Alea«), Maske (»Mimikry«) und Rausch (»Ilinx«) eine Rollen spielen und dass bei jedem Spiel mindestens eines dieser Momente gegeben sein muss. Eine Ausstellung im Hygienemuseum Dresden 2005 unter dem Titel »Spielen. Zwischen Rausch und Regel« lehnt sich eng an diese Systematik an und teilt die Welt der Spiele in vier Abteilungen: Wettkampf, Strategiespiel, Glücksspiel und Identifikationsspiel.[10] Menschen spielen eben auf ganz unterschiedliche Art und Weise.

Ich werde den Begriff des Spiels in den folgenden Kapiteln daher bewusst breit verwenden. Unter Spiel im Verkauf verstehe ich alle verkäuferischen Maßnahmen, die Kunden auf spielerische, humorvolle, ungewöhnliche Weise ansprechen und dadurch positiv im Sinne des Unternehmens beeinflussen. Spielen kann heißen, Kunden zum Mitmachen aufzufordern, also gemeinsam mit ihnen aktiv zu werden. Es setzt aber nicht unbedingt längere Interaktion voraus (wie etwa beim Krimidinner oder Geschicklichkeitsparcours auf dem Parkplatz). Gespielt wird überall dort, wo Kunden zum Lachen gebracht, unterhalten, positiv überrascht und so für einen kurzen Moment aus ihrem Alltag herausgelockt werden. Das schließt auch kleine Aktionen ein, wenn beispielsweise im Supermarkteingang nette Auszubildende jedem Kunden ein Schild mit seinem Namen schreiben und verkünden: »Heute werden wir uns ganz persönlich um Sie kümmern!« Spielen beginnt mit einer offenen, experimentierfreudigen Haltung, mit dem Mut, etwas Neues auszuprobieren und mit der Einstellung, dass Spaß haben und Geschäft eben keine Gegensätze sind, sondern prima zusammenpassen und sich gegenseitig befruchten. Wer sich traut zu spielen, testet neue Dinge aus, geht offen und positiv auf andere zu, weckt gute Gefühle und hat selbst welche!

Spielen sei »Experimentieren mit dem Zufall«, meinte der Dichter Novalis vor gut 200 Jahren, und er hat sicher recht damit. Wer spielt, verlässt ausgetretene Pfade und geht neue Wege. Das schließt den einen oder anderen Flop oder Irrweg nicht aus. Damit Sie Ihren Weg finden und Ihre Spielexperimente glücken, stelle ich in den folgenden Kapiteln zahlreiche erfolgreiche »Verkaufsspiele« vor, die Sie sicher zu eigenen Ideen inspirieren werden. Im Überblick:

➤ **Spielerische Warenpräsentation:** Ware, die in Regalen sauber sortiert auf Kunden wartet? Langweiliger geht es kaum. Hier finden Sie Beispiele, wie Sie Ihre Ware den Kunden so präsentieren können, dass der Einkauf wirklich zum Erlebnis wird.

---

[10] Der Katalog unter dem Ausstellungstitel »Spielen zwischen Rausch und Regel« erschien im Verlag Hatje Cantz.

➤ **Spielerischer Kundenservice:** »Service« versprechen heute ausnahmslos alle. In der Praxis leisten viele Unternehmen einen allenfalls durchschnittlichen Dienst am Kunden. Dabei wird ein außergewöhnlicher Service umso wichtiger, je vergleichbarer die Produkte selbst sind. Mit spielerischen Serviceelementen können Sie Ihre Kunden positiv überraschen und sogar begeistern.

➤ **Spielerische Websites:** Schönes Firmenlogo, das Bürogebäude in Großaufnahme, Fotos der Geschäftsführung, ein wenig Firmenhistorie, Kontaktformular – und das war's? Nein, Websites können heute viel mehr! Für viele Kunden bestimmt der Internetauftritt das Image des Unternehmens maßgeblich mit, für viele prägt es den wichtigen ersten Eindruck. Es liegt an Ihnen, wie Ihr Unternehmen wahrgenommen wird, humorvoll und offen oder eher bieder und traditionell. Außerdem können Sie durch spielerische Elemente dafür sorgen, dass Ihre Kunden Sie im Internet öfter besuchen.

➤ **Spielerische Werbung:** In der Werbung wird seit vielen Jahren intensiv gespielt. Werbeprofis ist bewusst, dass Emotionen stärker wirken als Fakten. Sie setzen daher auf humorvolle Geschichten, Überraschungsmomente und spielerische Aktionen. Hier finden Sie besonders gelungene Beispiele und Hinweise, wie Ihre Werbeaktion auch mit überschaubarem Budget zum Hingucker werden kann. Freuen Sie sich auf Werbespots, E-Mails und wirklich witzige Werbebriefe.

➤ **Spielerische Social-Media-Kampagnen:** Die Generation Y ist stärker in den sozialen Netzen unterwegs als alle vorherigen Generationen. Außerdem sind die nach 1980 Geborenen mit Videospielen und Spielkonsolen aufgewachsen. Viele spielen für ihr Leben gern, haben ihr Smartphone oder Tablet immer dabei und verfügen inzwischen über ein beträchtliches Einkommen. Wer die Social Media nicht zum Spiel mit seinen Kunden nutzt, ist daher selber schuld!

➤ **Spielerischer Markenaufbau:** In konsequent marktorientierten Unternehmen durchdringt das Marketing alle Bereiche, angefangen von der Produktentwicklung bis zu sämtlichen Maßnahmen der Kundenansprache. Hier stellen wir Ihnen einige Unternehmen vor, bei denen der spielerische Zugang zur Firmenphilosophie und zur zentralen Markenbotschaft geworden ist – Organisationen, bei denen das Spielen zum Markenkern gehört.

➤ **Spielerisch Verkauf trainieren:** Im klassischen Verkaufsseminar steht ein Trainer vorne und erzählt, wie es geht. Oder ein Teilnehmer steht vorne, zeigt, wie er es macht und wird anschließend kritisiert. Um die Aufmerksamkeit der Zuschauer ist es häufig genauso schlecht bestellt wie um die Nachhaltigkeit des Lernerfolgs. Das

Kapitel stellt spielerische Trainingsmöglichkeiten vor, die alle Teilnehmer aktivieren, den gegenseitigen Austausch fördern und für Aha-Effekte sorgen, die gleich in die Praxis umgesetzt werden können.

Im abschließenden dritten Teil des Buchs finden Sie Hinweise dazu, wie Sie eine »Spielkultur« in Ihrem Unternehmen verankern und skeptische Mitarbeiter zum Spielen motivieren können. Denn manchmal braucht es ein wenig Zeit, Geduld und Findigkeit, um die Bereitschaft zum Spiel am Arbeitsplatz bei sich und bei anderen hervorzukitzeln. Je starrer, hierarchischer und reglementierter es in einer Organisation zugeht, desto tiefer ist die Spielfreude unter »Das-haben-wir-schon-immer-so-gemacht«-Denken und »Ich-mache-mich-hier-doch-nicht-lächerlich«-Vorbehalten begraben. Spielen heißt auch, sich von allzu starren Vorgaben und Regeln zu verabschieden und die Kreativität der Mitarbeiter zu aktivieren. Wer den Mut dazu aufbringt, wird reich belohnt!

Machen Sie Ihr Spiel!

Spiele sind allgegenwärtig, vom Ratespiel im Morgenradio über boomende Computerspiele, Sport und Spiel in der Mittagspause bis zu Talentwettbewerben und Quizshows im Fernsehen. Der Spieltrieb des Menschen versiegt nie!

Gespielt wird immer freiwillig und nach Regeln. Mitreißende Spiele bieten die perfekte Balance von Herausforderung und Erfolgserlebnis und sorgen so für »Flow« bei den Spielern. Die Spielsituation ist zudem mental positiv verankert (somatische Marker).

Spielen kann sehr unterschiedliche Formen annehmen – als Wettkampf, Rollenspiel, Glücksspiel, Strategiespiel, Geschicklichkeitsspiel, Geduldsspiel, Bewegungsspiel, Konstruktionsspiel, Lernspiel et cetera, als längere Interaktion oder als kurzer spielerischer Moment. »Spielen im Verkauf« nutzt je nach Zielgruppe und Situation all diese Möglichkeiten von der spielerischen Kundenansprache bis zum ausgeklügelten Spiel.

Teil II: Spielräume & Spielregeln

»Es ist nett, wichtig zu sein, aber es ist wichtiger, nett zu sein.«

Roger Federer

3. Spielerische Warenpräsentation

»Playsumer« im »Try Store«

Kunden, die die Köpfe zusammenstecken und diskutieren, mit einem iPad bewaffnet vor einem Warentisch stehen und konzentriert tippen oder an der Theke eine Tasche mit zwei Artikeln entgegennehmen, all das in einem großzügig bemessenen Shop in coolem Schwarz-Weiß-Design: Willkommen im Glatt Try Store!

Das Glatt ist das größte Einkaufszentrum im Raum Zürich, mit knapp hundert Geschäften, über acht Millionen Besuchern pro Jahr und einem Umsatz von gut 630 Millionen Schweizer Franken. Seit 2011 sorgt dort ein völlig neues Ladenkonzept für Aufsehen. Im Try Store können Kunden kostenlos Waren ausprobieren, bewerten und sogar mit nach Hause nehmen. Bis zu zwanzig neue Produkte verschiedener Hersteller werden dort monatlich im noblen Ambiente eines Concept-Store präsentiert. Statt edler Handtaschen oder teurer Kaschmirpullover rücken hier Artikel bekannter Konsummarken von Guhl über Palmolive bis Kraft Foods in den Mittelpunkt der Aufmerksamkeit. Jedes Produkt kann über iPads, die am Produkttisch befestigt sind, kommentiert und weiterempfohlen werden. Neben einem Facebook-Button gibt es auf dem Tablet Einminutenspiele für das »Shopping-Vergnügen mit Spielelement«, so die *Werbewoche* im März 2012. Das ist noch untertrieben, denn die gesamte Warenpräsentation folgt hier den Regeln eines überdimensionalen Computerspiels.

Wer mitspielen will, passiert den Eingang mit einem hüfthohen U-Startsymbol, lässt sich als »Trystorista« registrieren und kann mit jedem Besuch sein Level steigern und beispielsweise vom »Trystorista Trendsetter« zum »Trystorista Royal« aufsteigen. Damit das niemandem verborgen bleibt, ist der aktuelle Status auf der Shoptüte mit den beiden Produkten aufgedruckt, die man pro Besuch kostenlos mitnehmen kann. »Ich komme regelmäßig und mache hier mein Spiel«, berichtet mir ein Kunde, mit dem ich ins Gespräch komme, und fügt stolz hinzu, welches Level er bereits erreicht hat.

Kaufen Sie Ihre Bücher eigentlich noch in der Buchhandlung? Oder machen Sie es sich einfach und bestellen mit wenigen Klicks bei dem Branchenriesen, den wir alle kennen? Falls ja, haben Sie inzwischen wahrscheinlich auch entdeckt, dass Sie über Amazon vom Autozubehör bis zur Zahnbürste buchstäblich fast alles ordern können. Während die Umsätze im stationären Handel seit Jahren allenfalls leicht steigen oder sogar sinken, boomt das Internetgeschäft. »Die EU rechnet sogar mit einer Verdoppelung des aktuellen europäischen Online-Absatzes bis 2015«, jubilierte Onlinehändler-News.de im Februar 2012.[11] Dieses Zukunftsszenario führt nahtlos zu der Frage, was der Handel tun kann, wenn er die Abwanderung seiner Kunden ins Netz stoppen will. Für Dr. Martina Kühne vom Gottlieb Duttweiler Institute liegt die Antwort auf der Hand: »Wenn der Umsatz aus dem Verkaufslokal ins Internet oder aufs Handy abwandert, muss der Laden neu gedacht werden.«

Im Try Store hat man eine mögliche Konsequenz daraus gezogen und den Shop der Architektur eines Computerspiels angenähert, bei dem die Kunden selbst aktiv werden. Dabei ist der Gewinn sogar sicher, wird in der »echten« Welt nach Hause getragen und sorgt zukünftig hoffentlich für echte Verkäufe. Ein anderer, für mich ebenso attraktiver Weg besteht darin, dass der »Offline-Handel« seine eigentlichen Stärken ausspielt und seinen Kunden sinnliche Erlebnisse bietet, die kein glatter, zweidimensionaler Computerbildschirm beim Online-Kauf liefern kann: etwas zum Staunen, zum Anfassen, vielleicht sogar zum Mitmachen. Wann hatten Sie eigentlich das letzte Mal Spaß beim Einkaufen?

Vom Point of Sale zum Point of Emotion

Unsere Warenwelt ist bunt und vielfältig, vielleicht bunter als je zuvor. Marketingfachleute beschäftigen sich seit Jahren mit der besten, ausgeklügeltsten Aufteilung und Einrichtung eines Shops. Wir wissen dank Neuromarketing & Co., dass Kunden einen Laden gegen den Uhrzeigersinn durchlaufen, dass Seitengänge stärker frequentiert werden als Mittelgänge, auf welcher Regalhöhe Artikel sich am besten verkaufen, in welcher Breite sie präsentiert werden sollten, um wahrgenommen zu werden, welche Nachbarartikel sich günstig auf den Verkauf auswirken und vieles mehr.[12] Das Optimierungspotenzial scheint ausgeschöpft. Wie kann man da noch auffallen, Interesse wecken, Emotionen und Kauflust auslösen?

---

[11] Vgl. www.onlinehaendler-news.de/2012/02/09/was-muss-der-onlinehandel-2012-besser-machen/
[12] Eine Übersicht gibt Hans-Georg Häusel in *Brain View* in Kapitel 10 »POS & POP: Der Ort der Entscheidung«, S. 205 ff.

Das Zauberwort zur Lösung dieses Dilemmas ist nicht neu: »Erlebnisshopping!« tönt es seit Jahren aus allen Ecken. »Von einer erlebnisorientierten Warenpräsentation erwarten Einzelhändler neuen Schwung für ihre Umsätze«, weiß beispielsweise die Plattform Handelswissen.de und erläutert: »Erlebnishandel beruht auf Höhepunkten. Wichtig ist es, im Laden Erlebniszonen zu schaffen und diese durch Blickfänge vom übrigen Verkaufsumfeld abzuheben.«[13] Solche Empfehlungen ändern nichts daran, dass Kaufhäuser weitgehend zu Abfertigungsverkaufsstellen verkommen sind und der Wocheneinkauf im Supermarkt nicht wesentlich beliebter ist als der Pflichttermin beim Zahnarzt. Kein Wunder, denn die »Erlebnisse«, die man im Einzelhandel für die Kunden bereithält, beschränken sich häufig auf vorhersehbare jahreszeitliche Dekorationen von Plüschhasen bis zum Plastiktannenbaum.

Echte Erlebnisse sehen anders aus. Ein Erlebnis überrascht, amüsiert, berührt vielleicht sogar. Ein Erlebnis erzählt man weiter. Können Sie sich vorstellen, dass ein Kunde nach dem Einkaufen zu Hause seiner Frau erzählt: »Du glaubst nicht, was mir heute passiert ist! Im Baumarkt haben Sie dieses Jahr wieder einen schönen Kunststoffweihnachtsbaum aufgestellt!« Etwas anders sähe es möglicherweise schon aus, wenn dieser Baum ziemlich verrückt mit Kleinwerkzeugen, Schrauben und Dübeln dekoriert gewesen wäre. Im »Kundenerlebnis-Management« sind Kundenerlebnisse als »private Ereignisse« konzipiert, die sich »aus der Reaktion auf bestimmte Stimuli ergeben«[14]. Voraussetzung ist die Beobachtung oder Teilnahme an einem Ereignis. Ein Erlebnis ist also nur dann ein Erlebnis, wenn es dabei wirklich etwas zu »erleben« gibt. Das mag banal klingen, eine gelungene Umsetzung jedoch ist alles andere als das.

Im Kern geht es bei einer erlebnisorientierten Warenpräsentation darum, angenehme Emotionen beim Kunden auszulösen, etwa:

➤ Begeisterung,
➤ Glück,
➤ Freude,
➤ (positive) Überraschung,
➤ Sympathie,
➤ Belustigung,
➤ Verblüffung,
➤ Neugier,
➤ Interesse,

---

[13]   Vgl. www.handelswissen.de, Artikel »Warenpräsentation«.
[14]   Florack et al. (Hg.), *Psychologie der Markenführung*, S. 368.

> ➤ Wohlbehagen,
> ➤ Entspannung.

Inzwischen sind sich Gehirnforscher und Psychologen darüber einig, dass Emotionen und nicht etwa die Ratio der Antrieb menschlichen Verhaltens sind. Der Neurowissenschaftler António Damásio widerspricht René Descartes' Cogito ergo sum (Ich denke, also bin ich) entschieden: *Ich fühle, also bin ich* heißt daher eines seiner Bücher. Auch unser Einkaufsverhalten ist stark emotional gesteuert, selbst wenn wir uns gern einreden, rational zu handeln, während wir unseren Einkaufswagen füllen, die Umkleidekabine aufsuchen oder uns für ein Auto entscheiden. In Wahrheit sind wir vor allem unschlagbar darin, emotional getroffene Entscheidungen nachträglich zu rationalisieren: Der x-te Blazer im Schrank ist ein unverzichtbares Basic, der Spritverbrauch des Sportwagens ist erstaunlich niedrig (jedenfalls bezogen auf seine enorme PS-Stärke!), der exklusive Wellness-Urlaub dient schließlich der Gesundheit und ist daher eine Investition in die zukünftige Leistungsfähigkeit.

Vor diesem Hintergrund wäre es also angebrachter, vom Point of Emotion zu sprechen, statt nüchtern vom Point of Sale. Denn wer es schafft, mit einer gelungenen Warenpräsentation gute Gefühle bei (potenziellen) Kunden auszulösen, wird vermutlich seinen Umsatz steigern. Kunden werden seine Verkaufsfläche öfter ansteuern und länger dort verweilen als beim Mitbewerber. Und wer länger bleibt, kauft im Allgemeinen auch mehr. Doch wie löst man bei seinen Kunden »gute Gefühle« aus? Diese Frage ist schon sehr viel komplizierter. Der Glatt Try Store schafft es mit einem Angebot zur spielerischen Interaktion. Doch es gibt viele weitere Möglichkeiten, und natürlich reagieren nicht alle Kunden gleich, wie das folgende Beispiel zeigt.

 Wer an einem Shop des US-Labels Hollister vorbeiläuft, kann gar nicht anders, als zu stutzen und sich zu wundern: zuerst über die Schlange stehenden Teenager, dann über die abgedunkelten Scheiben und schließlich über die beiden muskulösen Beaus, die nur mit Bermudashorts, Flipflops und Sonnenbrille bekleidet den Einlass kontrollieren wie sonst nur in der Disco. Menschen unter 20 wissen sowieso, was hier los ist; Menschen über 20 bleiben stehen und wundern sich – über die männlichen Strandschönheiten am Eingang, den süßlichen Duft, der aus der Brettertür am Eingang dringt, die an eine Strandbude erinnert, über die hämmernden Beats. Im Laden noch mehr extrem gut aussehende Verkäufer und Verkäuferinnen (»Store Models«), Dunkelheit, Plastikpalmen. Surfvideos auf Flachbildschirmen beleuchten die Szene. Zu kaufen gibt es ziemlich normale T-Shirts, Sweatshirts, Jeans et cetera, denn Hollister ist ein Ableger der US-Marke Abercrombie & Fitch. (Wenn Sie die auch nicht kennen, sind Sie definitiv schon über 30!) Die Teenies sind

begeistert: »Habe für 2 Jahre in den USA gelebt und liiiiiiiiiiiiiiiiiiiebe den Hollister Store«, heißt es auf Modeplattformen wie Stylefruits.de, bevor heiß diskutiert wird, wo der nächstgelegene Shop in Deutschland sein könnte. Die *Frankfurter Allgemeine Zeitung* dagegen meinte bei der Eröffnung vor Ort erschreckt: »Sieht so die Hölle aus? Die Shopping-Hölle vielleicht.«[8] An Hollister scheiden sich definitiv die Geister: 12-Jährige pumpen ihre Eltern an, plündern das Sparschwein und reisen Hunderte Kilometer zum nächsten Shop; viele Erwachsene hingegen rollen verständnislos mit den Augen. Dabei nehmen Teenager, die Zimmeraufräumen als Körperverletzung betrachten, langes Schlangestehen in Kauf, obwohl sie jedes Teil auch bequem online ordern könnten. Aber in diesem Fall schlägt offline online, denn ein paar Mausklicks im Netz sind keine Alternative, wenn man Hollister »liiiiiiiiiiiiiiiiiiiebt«. Der Shop ist eben ein Erlebnis! Er spielt mit dem Klischee des Californian Dream, inszeniert eine Story, in die die jugendlichen Kunden begeistert eintauchen, zeigt modische Vorbilder, denen man nacheifert.

Das Beispiel Hollister lehrt aber auch: Wer mit Erlebnissen Erfolge erzielen will, sollte genau hinschauen, was seine Zielgruppe anspricht. Welche anderen Möglichkeiten der spielerischen Wareninszenierung es gibt, lesen Sie im nächsten Abschnitt.

Mit Kundenerwartungen spielen: Warenpräsentation einmal anders

Wer gezielt danach Ausschau hält, wird verblüfft sein von der Fülle witziger, überraschender und ungewöhnlicher Darbietungen »ganz normaler« Ware, von Präsentationen, die die Angebote häufig selbst zum Nebendarsteller werden lassen und die Kunden für einen längeren oder auch nur ganz kurzen Moment begeistern, fesseln oder zum Schmunzeln bringen. Sie werden sehen: Es gibt immer Möglichkeiten, anders zu sein – wenn Sie sich trauen zu spielen. Mit Sehgewohnheiten, mit Erwartungen, mit Ihren Kunden. Und so viel ist sicher: Die immergleiche Hüpfburg auf dem Parkplatz oder das Miniauto für Kinder im Supermarkteingang sind hier nicht gemeint. Lassen Sie sich von den folgenden Beispielen inspirieren.

Strategie 1: Erzählen Sie eine Geschichte!

Unter »Erlebnis-Shopping« werden leider zu oft lediglich kleine bunte Themeninseln in einem Meer unspektakulär präsentierter Waren verstanden. Hollister ist nicht der einzize Shop, der ein ganzheitliches Setting kreiert und seine Waren in eine Geschichte verpflanzt. Zwei weitere ganz unterschiedliche Beispiele:

Victoria's Secret: Dessous für gefallene Engel

Das US-Wäschelabel verkauft keine Lingerie, sondern leicht verruchte Träume von Schönheit und Sex-Appeal. Dazu gehören aufwendig inszenierte Fashion-Shows, die BHs und Slips, wie sie heute jedes Kaufhaus führt, in ein spektakuläres Setting versetzen: weiß glitzernder Laufsteg, Models mit endlos langen Beinen und vor allem märchenhafte Kostüme, in denen Engelsflügel in allen Formen, Farben und Materialien eine Hauptrolle spielen. Die Wirkung ist sensationell – Videos der Show 2011 wurden im Internet weit über drei Millionen Mal angeklickt.[15] In den Shops selbst evoziert man mit viel rotem Samt, gedämpfter Beleuchtung und plüschigem Interieur die Atmosphäre eines verruchten Pariser Etablissements der Jahrhundertwende oder lockt Kundinnen mit einer Schaufensterpuppe mit riesigen bunten Flügeln und roter Wäsche. »Awesome« finden Moderedakteurinnen das[16], und sie sprechen vermutlich für die Kundschaft.

The Lost Forests: Eine verwunschene Spielzeugwelt

Während die Kuscheltiere in mancher Spielwarenabteilung traurig kaserniert wirken, lädt die australische Kette The Lost Forests dazu ein, die Bewohner einer versunkenen Zauberwelt zu besuchen. In Anlehnung an ein Kinderbuch leben in den Shops die Tiere aus der »Otherworld«, die »Tony the Toymaker« nachts besucht und tagsüber liebevoll nachbaut. Glücklicherweise hat er von seinem Großvater eine Tüte mit Zaubersamen geerbt, der ihm den Zugang zur »Anderwelt« ermöglicht. Die Shops sind namensgerecht einem verwunschenen Wald nachempfunden, in dem aus allen Ecken, Winkeln und Wipfeln Fruggles, Puggles, fliegende Schweine, Emus, bonbonfarbene Riesenpilze und ähnliche Kreaturen hervorgucken.[17] Wer ein knuffiges Puggle kauft (pardon: zu sich nach Hause holt, natürlich!), taucht ein in diese Wunderwelt.

---

[15] Vgl. www.youtube.com/watch?v=4w9wLwli6t0

[16] … beispielsweise anlässlich der Eröffnung des Londoner Stores im Blog http://gossipfever.com/2011/08/22/victorias-secret-to-open-london-store-in-2012.

[17] Vgl. www.thelostforests.com.au/html/s01_home/home.asp

Kaum vorstellbar, dass ein Kunde hier zielstrebig zur Kasse eilt und nach drei Minuten wieder draußen ist. Dafür gibt es einfach zu viel zu entdecken!

Verkaufen Sie Produkte, die sich in eine Geschichte einbetten lassen? Wenn ja, erzählen Sie Ihrer Zielgruppe davon und testen Sie, ob sie auf Ihre Geschichte anspringt.

Strategie 2: Machen Sie Ihr Schaufenster zum echten Hingucker!

Eine Bekannte kam vor einiger Zeit vom Sightseeing aus London zurück. Sie berichtete begeistert von Museen, Themsefahrten et cetera. »Und erst die Kronen-Schaufenster bei Harrods! Toll gemacht!«

Königliche Guckkästen

Zum sechzigjährigen Thronjubiläum von Queen Elisabeth im Jahr 2012 hatte Harrods sich etwas Besonderes einfallen lassen. Das Kaufhaus bat 31 namhafte Designer, eine Krone zu entwerfen. Man kleidete die großen Schaufensterflächen rot aus und ließ nur ein kleines Sichtfenster offen. Dahinter waren die ganz unterschiedlichen witzigen, verspielten, schrägen Kronen ausgestellt, natürlich auf Samtkissen und in Glasvitrinen, ganz wie die königlichen Kronjuwelen im Tower. Die Passanten drückten sich die Nase platt und schossen Fotos. Wer neugierig geworden ist, kann sich auf der Firmenhomepage ein Video zu diesem Projekt ansehen.[18] Harrods ränkte.

Action im Schaufenster

Wenn ich mich in Bern verabrede, dann gern vor »dem Loeb«. Die Schaufenster des Kaufhauses bieten fast immer etwas Spannendes. Sie wurden in der Osterzeit schon zum Kleintierzoo umfunktioniert (für Osterhasen natürlich), als Ausstellungsräume des naturhistorischen Museums genutzt und dafür eigens mit einer Vernissage eingeweiht, zum Zuschauerraum eines Theaterstücks gemacht, für das sich Schauspieler unter die Passanten mischten und für das Eintritt zu

---

[18] www.harrods.com/content/the-store/news-events/2012/may/harrods-jubilee-windows/

zahlen war, zum interaktiven Adventskalender umgestaltet, bei dem Passanten das jeweilige Türchen fotografierten und über eine App zu einem Gutschein gelangten. Vor Jahren lebte sogar eine Woche lang eine Familie im Loeb-Fenster! Die Schaufenster sind Kult und werden stolz auf der Firmenwebsite archiviert.[19] Ob jeder Passant, jede Passantin deshalb gleich hineingeht? Sicher nicht jedes Mal und sofort. Aber wie bei Harrods stärken die speziell dekorierten Fenster das Image und machen das Kaufhaus sympathischer als andere. Dennoch: Das ist Ihnen alles zu teuer, zu exklusiv? Das muss nicht sein!

Jahreszeiten im Weinladen

Weinflaschen im Schaufenster: Da schauen nur Kenner zweimal hin. Der Händler um die Ecke lässt sich deshalb immer wieder etwas Besonderes einfallen. Im März hatte er für Wintermüde mit Rollrasen und Gänseblümchen den Frühling vorgezogen. Im Juni reichen ein paar Eimer Sand nebst Spielzeugliegestühlen, Bällen und Sonnenschirmen für Urlaubsflair. Übrigens: Um derartige Ideen zu verwirklichen, könnte sich eine Kooperation mit einem anderen Händler lohnen – tausche Blumen gegen Wein!

Machen Sie den Schaufenster-Test: Wie reagieren Kunden auf Ihr Schaufenster? Wie viele bleiben stehen? Wie viele werfen nur einen flüchtigen Blick hinein? Wie viele studieren stirnrunzelnd die Preise? Und wie viele lächeln, lachen oder schütteln amüsiert den Kopf?

Strategie 3: Bieten Sie eine Show!

Wissen Sie, warum echte Pizzabäcker den Teigfladen in die Luft werfen und ihn dabei schwungvoll rotieren lassen? Ich habe lange Zeit vermutet, das brächte die Pizza besser

---

[19]   www.loeb.ch/de/loeb/schaufenster.html

in Form. Weit gefehlt, es ist reine Show – eine gekonnte Warenpräsentation eben! Nicht anders als beim Barkeeper, der mit seinen Flaschen herumwirbelt wie ein Jongleur. Sonst könnte man seinen Cocktail ja auch anderswo trinken als in einer schicken Bar. Der Preis jedoch spielt fast keine Rolle mehr, wenn das Erlebnis stimmt.

Fliegende Fische schmecken besser

Vom Fischmarkt am Pike Place in Seattle habe ich Ihnen schon im ersten Kapitel berichtet. Die Händler lassen hier selbst kapitale Lachse durch die Luft segeln, bringen Krebse schwungvoll auf den Weg und sind auch sonst für jeden Spaß zu haben. Der Erfolg dieses Marktstands liegt in der Show, nicht in der Qualität der Ware. Der Fisch ist anderswo sicher auch nicht schlecht.

Blumenversteigerung auf Holländisch

Holländische Blumenhändler sind Meisterverkäufer, zumindest jene, die von den Marktschreiern des Mittelalters gelernt haben. Lautstark und mit flotten Sprüchen preisen sie ihre Ware an und senken dabei schrittweise den Ausgangspreis. Sie verkaufen die Topfpflanzen gleich im Armvoll, und mancher Kunde trägt so sicher mehr nach Hause, als er später gießen möchte. Das Schweizer Fernsehen präsentierte einen dieser »Blumenkönige« in Aktion.[20] Da fragt man sich: Warum werden eigentlich nur Blumen so verkauft?

Ein hessischer Bäcker spielt Frankreich

»»Frankreich am Main‹ wird zum Programm: Nicht nur die bis ins Detail abgestimmte Einrichtung mit rustikalen Möbeln, französischen Chansons im Hintergrund und Lavendelduft, auch die Produkte, wie selbst hergestelltes Pesto, hochwertiges Olivenöl und Fleur de Sel, sorgen für eine französische Atmosphäre«, heißt es auf der Website des Maison du Pain, das etliche Filialen im Rhein-Main-Gebiet betreibt. Inmitten von Holzregalen, unter Kronleuchtern und zu französischen Chansons werden Croissants, Baguette, Petit Fours und andere Köstlichkeiten feilgeboten. Und natürlich trägt das Personal echt französische Bäckerkluft! Die Backwaren sind deutlich teurer als beim Ketten-Bäcker nebenan; die Kundschaft schreckt das nicht.[21]

---

[20] www.videoportal.sf.tv/video?id=108c0c28-05cf-48b6-9e11-fda159b47527
[21] www.lamaisondupain.de

Welches Unterhaltungsprogramm könnte Ihre Kunden fesseln?

Strategie 4: Dekorieren Sie erzählenswert!

Bleiben wir einen Moment in der Bäckerei. Ein rheinischer Bäcker macht vor, wie man im Zeitalter gesichtsloser Kettenläden seine Kunden fesseln kann:

Ein Findling als Bäckertresen
In der Bäckerei Blesgen in Ittenbach geht es blitzsauber zu, das Edelstahl des modernen Tresens blitzt und blinkt. Doch mittendrin wird die Vitrine unterbrochen: Hier thront ein großer Findling in Brotform, der von unten beheizt wird und auf dem das verkaufte Brot abgelegt wird. Er sei »Sinnbild für solide Handwerksqualität« und fungiere als »Stein des Anstoßes«, um mit den Kunden ins Gespräch zu kommen, schrieb begeistert die *Allgemeine Bäckerzeitung.*[22]

Die Hemden als Regenbogen
In der Fußgängerzone von Como zieht ein kleines Fachgeschäft alle Blicke auf sich. Es führt nichts als Herrenhemden, vom Boden bis zur Decke in dunklen Holzregalen sauber aufgeschichtet. Das wäre nicht weiter erwähnenswert, wenn die Hemden farblich nicht einen perfekten Regenbogen bilden würden. Aus Waren spielerisch eine zweite Bildebene zu kreieren funktioniert auch mit anderen Produkten, zum Beispiel wenn aus Konservendosen ein großer Schmetterling mit bunten Flügeln gebaut wird, der sich scheinbar auf einer aufgemalten Blume am Boden niedergelassen hat.[23]

Die größte Milchtüte der Welt und andere Riesen
Die Molkerei Weihenstephan begleitete die Einführung eines Tetrapacks für ihre Milch mit einer zwei Meter hohen Milchpackung im typisch weiß-blauen Design. Die Riesenmilchtüte wurde in Kaufhäusern in ganz

---

[22] www.abzonline.de/praxis/Das-Brot-im-Raum-attraktiv-inszeniert,602200056.html
[23] Vgl. http://bloggingtom.ch/archives/2006/03/24/warenprasentation-mal-anders/

Deutschland eingesetzt und war für die Kunden schlicht nicht zu übersehen.[24] Dior verblüffte Pariser Passanten mit einer haushohen Handtasche vor der Tür.[25] Und der Schokoladenhersteller Lindt montierte in der Haupthalle des Frankfurter Bahnhofs einen riesigen funkelnden Goldhasen, der nicht aus Schokolade, sondern aus unzähligen goldenen und roten Schleifen und Glöckchen bestand. Das Spiel mit Größen löst Verblüffung aus, bei so manchem sogar Begeisterung. Es funktioniert übrigens auch andersherum, indem Großes als klein präsentiert wird. Ein Beispiel sind die Glastürme, in denen Kleinwagen der Marke Smart wie in einem überdimensionalen Brötchenautomaten aufgeschichtet sind. Man sucht unwillkürlich nach dem Schlitz für den Münzeinwurf …

Mode auf Stelzen und in Bällen

Der japanische Modeschöpfer Issey Miyake entwirft Kleidung, Uhren, Accessoires. Seine futurischen Entwürfe präsentiert er genauso futuristisch: Da werden Taschen und Shirts auf hohen weißen Stäben drapiert wie auf einem Nadelkissen, oder bunte Dessous in durchsichtigen Plastikbällen in einem großen Korb aufbewahrt. Die Metallstäbe schafften es sogar bis ins Weblexikon Wikipedia.[26]

Was könnten Sie aus Ihren Waren bauen, was zur Verblüffung Ihrer Kunden verkleinern oder vergrößern? Wie und womit könnte Ihre Ware originell drapiert werden?

Strategie 5: Inszenieren Sie Ihre Produkte aufsehenerregend!

Wie schon eingangs gesagt: Hier ist nicht die jahreszeitliche Dekoration gemeint, die Sie günstig ordern und die Ihr Mitbewerber auch hat. Einige Beispiele:

Abenteuer hautnah

Im Globetrotter Megastore in Köln kann man seine Neuerwerbung gleich auf Tauglichkeit testen, wenn man möchte. Kunden steht ein riesiges Wasserbassin zur Verfügung, um Boote, Kajaks und Tauchausrüstungen auszupro-

---

[24]   Foto und Beschreibung unter www.sti-group.com.

[25]   Bild unter http://lovelydevanture.blogspot.de/2010/12/tolle-shops-neues-cover.html

[26]   Artikel »Issey Miyake«. Bilder unter www.designboom.com/weblog/cat/9/view/10312/nendo-24-issey-miyake-shop-shibu-ya-parco.html und http://retaildesignblog.net/2011/09/05/24-issey-miyake-store-by-moment-design-hakata/

bieren. In einer Kühlkammer kann man im Daunenschlafsack Probe liegen, unter einer großen Regendusche kann die Schlechtwetterkleidung geprüft werden. Neben diesem Ausnahmeservice sorgt das Ganze für ein spektakuläres Ambiente, etwa wenn Kunden die Mittelhalle mit »See« und Waldprojektion betreten.[27]

»Living Floor« und Roboter in Aktion

Kunden zum Staunen bringen kann aber auch der kleine Privatunternehmer. »Die Erlebnis-Apotheke setzt auf alle Sinne«, meldet die *Ärztezeitung* und begeistert sich für ein ungewöhnliches Einrichtungskonzept der Apotheke Eyb mit geschwungenen weißen Formen, rotem federnden Boden, »Living Floor« mit Videoprojektionen, der nicht nur Kinder fesselt, Wareninseln mit unterschiedlicher Beduftung (Blumen bei der Kosmetik, Gras im Babybereich). Gleichzeitig wird hier deutlich, dass Ideen oft wichtiger sind als Geld: Der Roboter, der die Ware aus dem Lager fischt, wird nicht wie üblich versteckt, sondern kann durch eine Glasscheibe bei der Arbeit beobachtet werden. Das finden große und kleine Kunden sensationell![28]

Mehr als Modeschmuck

Im österreichischen Wattens eröffnete Swarovski 1995 seine »Kristallwelten«, eine aufwendig inszenierte Ausstellung rund um Glas und Kristalle mit einem Außenbereich, an dem der österreichische Aktionskünstler André Heller mitwirkte. Er entwarf unter anderem einen efeuberankten, riesigen Kopf mit Glasaugen, aus dessen Mund sich ein Wasserfall in einen See ergoss. Sicher ein teures Projekt, doch mit über zehn Millionen Besuchern seit Eröffnung und Eintrittspreisen von über zehn Euro dürfte Swarovski bei der Aktion kaum draufzahlen. Dafür werden die Glasfigürchen und der kostbare Modeschmuck, für den das Unternehmen steht, hier auf edelste Weise präsentiert, verkauft und als Marke aufgewertet.[29]

---

[27] www.globetrotter.de/de/filialen/hamburg/bilder.php
[28] www.aerztezeitung.de/praxis_wirtschaft/unternehmen/article/659635/erlebnis-apotheke- setzt-alle-sinne.html
[29] http://kristallwelten.swarovski.com

Fitnesscenter mit Jumbojet

Bei der Airport Fitness am Flughafen Zürich hat man sich etwas ganz Besonderes einfallen lassen. Ist der Besucher erst einmal drin, soll er vergessen, dass er sich auf einem hektischen Flughafen befindet. Beim Betreten der Lobby wird er jedoch auf aufsehenerregende Weise daran erinnert: Hier schiebt sich die Schnauze eines Jumbos spektakulär hoch über den Tresen.[30]

Was könnten Sie Ihren Kunden zeigen? Wo bieten Herstellung oder Einsatz Ihres Produkts spektakuläre Momente? Wäre eine Ausstellung rund um das, was Sie bieten, interessant?

Strategie 6: Ändern Sie die Spielregeln beim Einkaufen!

Spielen bedeutet Ausbrechen aus dem Gewohnten. Auch kleinere oder größere Unterbrechungen des üblichen Einkaufsrituals können für Spaß sorgen. Hier beispielhaft zwei Ideen von Migros, wo man nicht nur »Nanos« erfindet und Hühner rennen lässt.

Adventsshopping mit der Kerze in der Hand

Beim Nightshopping im Migros Neumarkt bekam jeder Kunde zum Abendverkauf eine Kerze in die Hand, mit der er sich im dunklen Laden orientieren konnte. Das ungewöhnliche Experiment zog Kunden an wie die Motten das Licht. Investition: 21,40 Schweizer Franken für Kerzen und Papierhalter.

Miss Migros Molly

Beim Migros in Wil (Sankt Gallen) kamen die Mitarbeiter an Fasnacht verkleidet und zauberten so vielen Kunden ein Lächeln ins Gesicht. Eine rundliche Verkäuferin beispielsweise bewies mit Krönchen und goldener »Miss-

---

30 http://www.airport-fitness.ch

Migros-Molly«-Schärpe Selbstironie und Humor. Ergebnis der vom Verkaufspersonal initiierten Aktion: Einkauf in lockerer Atmosphäre und immer wieder Anlässe zum netten Plausch, sicher nicht zum Schaden des Geschäfts. Denn Sie wissen ja: Menschenerlebnis geht vor Produkterlebnis! Das gilt auch bei ausgefallenem Design, wie das nächste Beispiel zeigt.

Designer-»Flohmarkt«

In der Brückenstraße in Frankfurt haben sich in den letzten Jahren viele kleine Designer angesiedelt, die von der Handtasche bis zum Kleinmöbel alles anbieten. Es geht ein wenig bunter zu als anderswo, und das beginnt schon bei Shopnamen wie »IchwareinDirndl«. Bekannt wurde die kleine Einkaufsstraße auch durchs regelmäßige »Mitternachtsshopping« und durch Straßenfeste, bei denen man Tapetentische vor die Tür stellt und seine Ware dort präsentiert, am besten bei einem Glas Sekt oder Apfelwein, denn das gibt es ebenso wie Kuchen oder »Wurscht«.

Nach welchen Regeln verläuft der Einkauf bei Ihnen bisher? Und wie könnten Sie diese Spielregeln kurzzeitig kreativ außer Kraft setzen und neu erfinden?

Strategie 7: Bieten Sie etwas zum Anfassen!

Wie gelingt Ihre Warenpräsentation, wenn Sie gar keine Ware im klassischen Sinne präsentieren können – weil Sie zum Beispiel Versicherungen oder Vorsorgeprodukte verkaufen? Zwei meiner Kollegen haben erkannt, dass Prospekte und Tabellen nicht der Weisheit letzter Schluss sind.

4-D-Methode/Haptisches Verkaufen

»Virtuelle Produkte und Leistungen buchstäblich begreifbar machen und dadurch die Vertriebsergebnisse verbessern«, so lautet das Ziel meines Kollegen Wolfgang R. Marshall. Er findet für Verkäufer Gegenstände, die den Wert komplexer Beratungsleistungen eindrucksvoll verdeutlichen – etwa indem mit einem handelsüblichen Nothammer der Sinn einer Insassenversicherung emotional verdeutlicht wird: Die Gefahr, sich mit einem Nothammer aus einem Unfallfahrzeug befreien zu müssen, liegt bei eins zu einer Million. Das gefühlte Risiko ist also gering. Aber wie wertvoll ist ein solcher Hammer, wenn man tatsächlich einen Unfall hat und im eigenen Auto gefangen ist?[31] Auch Karl Werner Schmitz geht es darum, abstrakte Produkte mithilfe von Gegenständen fassbar zu machen und zu emotionalisieren. »Fünf Sinne verkaufen mehr« lautet sein Credo. Der Erfinder »haptischer Verkaufshilfen« spielt beispielsweise mit einer kleinen Figur gemeinsam mit seinem Kunden durch, wie viele Vorsorgebausteine erforderlich sind, damit die Figur nicht umkippt, sondern sicher steht.[32]

Ihr Produkt kann man weder sehen noch anfassen? Wie könnten Sie es trotzdem »vergegenständlichen«?

»Spieldrang ist genauso mächtig (und ausnützbar) wie Schnäppchen-Drang«, sagt Konsumforscherin Martina Kühne vom Gottlieb Duttweiler Institute in ihrem Aufsatz »Unstoring«. Wenn Kunden am Point of Sale etwas zum Staunen, zum Lachen, zum Wohlfühlen oder auch zum Nachdenken erwartet – kurz: wenn der Point of Sale zum Point of Emotion wird, ist der Preis für viele sekundär.

---

[31] Vgl. www.wolfgang-marschall.ch
[32] Vgl. www.haptische-verkaufshilfen.de

Machen Sie Ihr Spiel!

Wer seine Kunden nicht ans Internet oder an Schnäppchenmärkte verlieren will, tut gut daran, ihnen im stationären Handel etwas Besonderes zu bieten.

Erlebnis-Shopping ist keine neue Idee. Aber um Kunden wirklich »Erlebnisse« zu bieten, muss ein Ereignis sie tatsächlich berühren, eine Reaktion auslösen. Mit bunter Deko ist es nicht getan, daran haben sich die Kunden längst gewöhnt.

Spielerische Ideen helfen, den Point of Sale zum Point of Emotion aufzuwerten. Sie sind eine gute Antwort darauf, dass Verkaufsentscheidungen stark emotional getroffen werden.

Mögliche Strategien für spielerische Warenpräsentation sind:

➤ den Kunden in eine Geschichte zu versetzen,

➤ mutige und ungewöhnliche Schaufenster, die mit der Fensterfunktion spielen,

➤ kleine Showelemente, die Kunden fesseln,

➤ verblüffende Deko, die es nirgendwo sonst gibt,

➤ spektakuläre Produktinszenierungen,

➤ Einkaufssituationen, in denen neue Spielregeln gelten,

➤ der Einsatz von Gegenständen oder haptischen Verkaufshilfen, um abstrakte Produkte auf spielerische Weise fassbar zu machen.

4. Spielerischer Kundenservice

Lächelndes Gemüse und andere Überraschungen

Das Restaurant Bürgisweyerbad im schweizerischen Madiswil (Kanton Bern) blickt auf über 600 Jahre Geschichte zurück: Bereits im 14. Jahrhundert wurde das Gut in Chroniken als »gliederstärkender Kurort« erwähnt. Dennoch ruht man sich dort nicht auf seinen historischen Lorbeeren aus. Heute betreiben Sonja und André Schreiber-Kohler in dem idyllisch gelegenen Gutshof ein Restaurant, das Familienfeiern ebenso wie Seminaren Platz bietet. Ich hatte das Vergnügen, dort einen Workshop zum Thema »Einfach freundlich« für Mitarbeiter eines großen Einzelhändlers zu halten. Beim Mittagessen überraschte uns das Bürgisweyerbad mit einem perfekt auf das Seminarthema abgestimmten Buffet: Gelbe Smileys bildeten zusammen mit farblich passenden Servietten und Blumen die Tischdekoration. Die Servicemitarbeiter trugen gelbe T-Shirts mit einem angehefteten Smiley. Auf dem Buffet thronte eine Eisskulptur, natürlich in Smiley-Form. Und selbst aus dem Gemüse lächelten uns Möhrentaler an. Augenzwinkernd und ohne Vorankündigung hatte sich das Team perfekt auf unser Seminarthema eingestellt. Die gut gelaunte Mannschaft bot so das beste Anschauungsbeispiel, welchen nachhaltigen Eindruck ein »einfach freundlicher« Service hinterlässt.

Ich weiß nicht, wie oft ich diese Geschichte inzwischen schon erzählt und wie viele neugierige Gäste ich dem Bürgisweyerbad schon beschert habe. Falls Sie sich also fragen, was so ein Spaß kostet, machen Sie sich keine Sorgen: Der Ausnahmeservice des Familienbetriebs hat sich herumgesprochen und erspart teure Werbeanzeigen. Ein halbes Dutzend gelbe T-Shirts sind da schon finanzierbar. Wir waren übrigens kein Einzelfall: Sie ahnen vielleicht, was man sich einfallen lässt, wenn eine Fluggesellschaft dort trainiert. Auch sonst tun die Schreiber-Kohlers einiges für ihre Gäste: Familienfeiern finden in Sälen mit einem Swarovski-Sternenhimmel statt, im Garten warten nicht nur ein pittoresker Teich, sondern auch Kunstinstallationen. Wer will, kann dem Küchenchef André Schreiber-Kohler und seinem Team Mittwoch bis Samstag am frühen Abend über die Schulter schauen und lernen, die »beste Béarnaise in Oberaargau« zu kochen. Wie man auf solche Ideen kommt? Indem man den Geist schweifen lässt und sich traut, spielerisch nach kleinen Gesten für das Glück des Kunden zu fahnden. Und indem man das spielerische Potenzial seiner Mitarbeiter nutzt. Mancher Chef wäre überrascht, wie viele Ideen in seinen Leuten schlummern (siehe dazu auch Teil III).

Bunte Oasen in der grauen Servicewüste

Wer wie ich viel in Hotels unterwegs ist, kennt das: Irgendwann ist man schon froh, wenn alle Lampen im Zimmer funktionieren, der Duschkopf nicht defekt ist und kein nervtötendes »Pling!« des nahen Fahrstuhls die Nachtruhe stört. Vor einiger Zeit fand ich bei einer Anreise nach 21:00 Uhr ein Schild auf der verwaisten Rezeption vor: »Sehr geehrter Gast! Den Schlüssel für Ihr Zimmer erhalten Sie im Haus Sowieso gegenüber. Mit den besten Grüßen Ihr Hotel XY«. Genau davon träumt man, wenn man müde endlich vor Ort ist: seinen Koffer hinter der Rezeption verstecken oder nochmal über die Straße schleppen, dort umständlich erklären, was man will, wieder zurücklaufen, den Fahrstuhl suchen und in der Hotelmappe nachschlagen, ob man um 6:30 Uhr eigentlich schon Frühstück bekommt. Ganz ehrlich: Smileys im Gemüse würden mich da auch nicht mehr versöhnen.

Mein Kollege Ralf Strupat ist Experte für Kundenbegeisterung. Um zu erklären, wie Kundenbegeisterung entsteht, beruft er sich auf ein Modell des japanischen Hochschulprofessors Noriaki Kano. Das Kano-Modell unterscheidet

> **Basisfaktoren:** Das sind die Mindestanforderungen, die erfüllt sein müssen, damit ein Kunde nicht unzufrieden ist – beispielsweise eine besetzte Rezeption im Hotel oder eine Suppe ohne Fliege im Gasthof.

> **Leistungsfaktoren:** Das sind die Standards, die ein Kunde erwartet, damit er zufrieden ist – beispielsweise ein freundlicher und zügiger Service an der Hotelrezeption oder eine wohlschmeckende Suppe.

> ➤ **Begeisterungsfaktoren:** Das sind Ereignisse, die den Kunden positiv überraschen, mit anderen Worten: Angebote, die seine Erwartungen übertreffen – beispielsweise, wenn der Mitarbeiter am Empfang mit einem Blick auf das Handy des Gastes fragt: »Soll ich Ihnen ein passendes Ladegerät auf Ihr Zimmer bringen lassen?« Oder wenn der Kellner beim Eindecken im Restaurant wissen will: »Sind Sie Rechts- oder Linkshänder? Damit ich Ihnen das passende Besteck bringen kann.«

Erst wenn die Basis- und die Leistungsfaktoren erfüllt sind, können Begeisterungsfaktoren ihre Wirkung entfalten. Das bedeutet: Der Smiley im Gemüse ist erst dann lustig, wenn der Rest stimmt. Die Beispiele oben illustrieren aber auch, dass Kundenbegeisterung nicht zwingend große Investitionen und Aufwand erfordert. Ich stimme Ralf Strupat zu, der meint, wer Kunden für sich einnehmen wolle, müsse »Weltmeister in Kleinigkeiten« werden. Voraussetzung: Man ist bereit, im Kopf seiner Kunden spazieren zu gehen: Womit könnte man ihnen eine Freude machen? Kundenbegeisterung klappt auch mit vergleichsweise simplen Mitteln, wie ich aus eigener Erfahrung weiß.

Tankstellenshop mit kleinen Extras

Mit meiner Frau zusammen übernahm ich 2002 als Franchise-Partner einen Tankstellenshop in St. Gallen. Bei Übernahme kamen zwischen 600 und 900 Kunden pro Tag. Nach einem Jahr hatten wir die tägliche Kundenfrequenz um 40 Prozent gesteigert; binnen fünf Jahren waren es doppelt so viele wie zu Beginn, und der Umsatz hatte sich im selben Zeitraum verdreifacht. Dieser Erfolg war das Ergebnis zahlreicher positiver Kundenüberraschungen. Ein paar Beispiele: Kunden wurden bei uns mit Namen angesprochen. Wer einen Lottoschein ausfüllte, bekam einen kleinen Glückskäfer aus Schokolade – ein winziges spielerisches Moment, das viele Menschen zum Lächeln brachte. Und wer ein Zehnerpack Bier kaufte, wurde von der Kassiererin gefragt: »Möchten Sie das Bier gekühlt mitnehmen?«

Es ist erstaunlich, wie durchschlagend die Wirkung solcher Details ist. Die einzige logistische Herausforderung für uns bestand darin, immer genügend Bier im Kühlraum zu haben und rechtzeitig neue Schoko-Käfer zu ordern – und man braucht natürlich die richtigen Mitarbeiter. Ist das gewährleistet, genügen in einer Servicewüste offenbar schon ein paar grüne Flecken, um zu einer begehrten Oase zu werden. Das hat einen simplen Grund: Obwohl seit Jahren mehr Kundenfreundlichkeit eingefordert wird, gleichen weite Bereiche unserer Dienstleistungsgesellschaft immer noch einer öden Steppe. Vor über fünfzehn Jahren prangerte Minoru Tominaga, ein Landsmann Kanos, in einem Buch die »kundenfeindliche Gesellschaft« an. Heute sind die Buchtitel drastischer: Mit *König Arsch: Mein Leben als Kunde* landete Martin Wehrle 2012 einen Bestseller. Offenbar sprach er vielen Kunden aus der Seele. Wie Service heute in weiten Teilen aussieht, wissen Sie so gut wie ich: Callcenter, Warteschleifen, überlastete oder desinteressierte Verkäufer. Mit der modernen IT-Technologie wird zudem immer mehr Service auf den Kunden selbst verlagert. Service wird zum »Self-Service«, eigentlich ein Paradoxon, wenn man die ursprüngliche Wortbedeutung (Service = Dienst) berücksichtigt. Der Kunde bucht seine Bahnkarten selbst im Internet oder am Automaten, tätigt seine Überweisungen online, checkt, ob das gewünschte Hotel noch freie Zimmer hat und nutzt brav das Reservierungsformular, tippt fleißig alle Daten ein, kauft Konzertkarten im elektronischen Ticketcenter et cetera.

Kürzlich las ich, in Japan werde ein Roboter getestet, der beim Friseur zukünftig das Haarewaschen übernehmen soll. Vielleicht müssen wir uns irgendwann mit dem Gedanken einer vollautomatischen Haarschneidemaschine anfreunden, bei der man als Kunde das verbale Unterhaltungsprogramm (wahlweise Smalltalk, Politik oder Zipperlein) per Knopfdruck auch noch selbst bestimmt. Doch ernsthaft: Wann sind Sie das letzte Mal persönlich »be-dient« worden, von einem Menschen aus Fleisch und Blut also, und das auch noch auf eine begeisternde Weise? Viele Kunden müssen da lange grübeln, denn viele Unternehmen haben den persönlichen Faktor bei der Kundenbindung in den letzten Jahren sträflich vernachlässigt und denken beim Stichwort Customer-Relationship-Management vor allem an Software. Dabei wird übersehen, dass Menschen soziale Wesen sind, die sich Aufmerksamkeit wünschen und Wertschätzung honorieren. Umgekehrt sind Mangel an Wertschätzung und Aufmerksamkeit die Hauptgründe dafür, dass Kunden Unternehmen den Rücken kehren. In einer Studie der Universität Göttingen wurden vor Jahren Kunden gefragt: »Aus welchen Gründen verlassen Sie bestehende Lieferanten?« Die Ergebnisse waren eindeutig:

➤ 69 Prozent wechseln wegen ungenügender Servicequalität,

➤ 14 Prozent wechseln wegen ungenügender Produktqualität,

➤ 9 Prozent wechseln wegen zu hoher Preise oder werden durch die Konkurrenz abgeworben,

➤ 5 Prozent der Kunden ändern ihre Kaufgewohnheit oder werden durch Bekannte beeinflusst,

➤ 3 Prozent der Kunden ziehen um.

Zu ganz ähnlichen Ergebnissen kam eine Befragung von Möbel Mann, die Minoru Tominaga 2007 veröffentlichte. Unter der Überschrift »Aus welchen Gründen man seine Kunden verliert«, werden dort genannt[33]:

➤ durch Tod: 1 Prozent,

➤ durch Umzug: 3 Prozent,

➤ kaufen bei Freunden: 5 Prozent,

➤ kaufen anderswo günstiger: 9 Prozent,

➤ haben sich ergebnislos beschwert: 14 Prozent,

➤ fühlen sich missachtet: 68 Prozent.

Weil sich Produkte immer mehr angleichen, wird die persönliche Beziehung zum Kunden zum entscheidenden Wettbewerbsvorteil. Wer sich nicht über den Preis differenzieren und unschlagbar billig sein will, muss etwas anderes bieten, beispielsweise Nähe. Und ein spielerischer Umgang mit Kunden ist die perfekte Strategie, diese herzustellen.

Kunden verblüffen: Ausnahmeservice

Gelungene spielerische Momente im Service geben dem Kunden das Gefühl, hier bemüht sich jemand um mich, hier will mir jemand eine Freude machen. Das vermittelt Wertschätzung und hebt den Anbieter wohltuend aus der verbreiteten Gleichgültigkeit gegenüber den Kunden hervor.

Strategie 1: Den Standardservice spielerisch-humorvoll abwandeln

Unser Leben wird in erschreckendem Maße von vorhersehbaren Routinen und Ritualen bestimmt. Kleine Abweichungen fallen daher sofort angenehm auf.

---

[33] Im Internet unter http://public.wuapaa.com/wkk/2007/handel/files/Kundenbegeisterung.pdf

Flugzeug-Ansage mal anders

Ein Flug von Zürich nach München am Morgen des 30. Mai 2010. Das Flugzeug ist nur zu etwa einem Drittel besetzt, vorwiegend mit ernst dreinblickenden Geschäftsreisenden. Doch ein gut gelaunter Pilot der Lufthansa zaubert vielen Passagieren ein Lächeln auf die Lippen: »Liebe Passagiere, hier spricht Ihr Kapitän. Bevor wir gleich zum Start rollen, nehmen Sie doch bitte alle einen Fensterplatz ein. Sie tun uns einen Gefallen – nicht dass die Konkurrenz den Eindruck bekommt, das Geschäft der Lufthansa würde schlecht laufen!« Etliche Passagiere befolgten die scherzhafte Aufforderung und kamen darüber mit Mitreisenden ins Gespräch. Auch bei der Verabschiedung bewies der Pilot Humor: »Sehr geschätzte Damen und Herren! Ich habe eine freudige Nachricht für Sie. Sie haben den Hauptpreis in einem Wettbewerb des Münchener Flughafens gewonnen: eine Busfahrt direkt vom Flugzeug aus. Genießen Sie die Fahrt!« Ein wenig albern? Mag sein, aber auch eine wohltuende Abwechslung im Einerlei der immergleichen Standardtexte. Vielleicht hatte der Pilot Daniel Zanettis schönes Buch *Kundenverblüffung* gelesen. Dort wird das Beispiel eines US-Piloten geschildert, der in Anspielung auf Paul Simons Hit die Sicherheitserläuterungen so einleitet: »Es gibt 50 Wege, wie Sie Ihre Geliebte verlassen können, jedoch nur 6 Ausgänge aus diesem Flugzeug.« Wetten, dass er damit die Aufmerksamkeit aller hatte?

Informationsfilm mit Slapstick-Einlage

Auch die Fluggesellschaft Condor scheint verstanden zu haben, dass Kunden für eine verspielte Ansprache zu haben sind. Der aktuelle Film zu den Sicherheitsvorkehrungen ist eine kleine Sketchparade mit Schauspielern im Winnetou-Kostüm mit Friedenspfeife (nicht rauchen!), im Paris-Hilton-Look (Hutschachteln in die Ablage, schwere Box mit Schoßhündchen unter den Vordersitz!) oder im Elvis-Kostüm (elektronische Geräte, etwa iPod, ausschalten!).

Zugfahrt mit Sehenswürdigkeiten

Ein weiteres Beispiel: Auf einer Zugfahrt am Rhein entlang leiert der Zugbegleiter nicht nur den Standardtext herunter, sondern verkündet fröhlich: »Liebe Fahrgäste, Sie reisen heute auf einer der schönsten Bahnstrecken Deutschlands. In wenigen Minuten passieren wir die Loreley, die schon der Dichter Heinrich Heine besungen hat. Ich werde mir erlauben, Sie gelegentlich auf Schlösser, Burgen und andere Sehenswürdigkeiten hinzuweisen, die einen Blick aus dem Fenster lohnen. Ich wünsche Ihnen viel Vergnügen bei unserer Fahrt durchs Rheintal!« Auch das ist schon Jahre her, und hat sich doch im Gedächtnis eingeprägt. Hier wird jemand als Person erkennbar, es »menschelt« ein wenig. Das weckt Sympathien.

Überraschung unterm Hotelbett

Gehören Sie auch zu den Menschen, die im Hotelzimmer einen Blick unters Bett werfen? Natürlich glaubt man als Erwachsener nicht mehr, dass dort ein Ungeheuer wohnt, aber man wüsste schon gern, ob man mit Wollmäusen rechnen muss. Kürzlich fand ich unter dem Bett eine laminierte Postkarte mit der Aufschrift: »Lieber Gast, natürlich haben wir auch unter dem Bett gesaugt! Schön, dass Sie nachsehen. Wenn Sie diese Karte mitbringen, laden wir Sie in der Bar zu einem Drink ein. Ihr XY Hotel.«

Wo können Sie einem uniformen Standardservice spielerisch eine persönliche Note verleihen?

Strategie 2: Kreative E-Mails und Briefe

»Hiermit bestätigen wir Ihre Buchung«, »Ihre Bestellung ist bei uns eingegangen«, »Vielen Dank für Ihr Interesse an unserem Programm« – die meisten E-Mails und Geschäftsbriefe sind zum Erbrechen langweilig. Offenbar schreiben alle Unternehmen voneinander ab, denn alle schreiben fast wörtlich das Gleiche.

Augenzwinkern beim Taschenverkauf

Eine wohltuende Ausnahme im E-Mail-Einerlei bildet die Firma Freitag. Sie stellt mit großem Erfolg Taschen aus alten Lkw-Planen her (siehe Kapitel 11).

Eine Trainerkollegin bestellte vor Weihnachten im Internet eines dieser coolen Unikate und war so begeistert von der Bestellbestätigung, dass Sie die E-Mail gleich an mich weiterleitete: »Es ist uns eine Ehre zu verkünden, dass du demnächst stolzer F75 LELAND-Besitzer sein wirst. Wir werden alle Hebel in Bewegung setzen, dass schon in Kürze ein attraktiver Kurier an deiner Haustüre klingelt, um dir dein Stück FREITAG persönlich überreichen zu können. Wir werden jetzt noch bis in die späten Abendstunden deinen Einkauf bei uns feiern und mindestens 17 Mal auf dich und deine Wahl anstossen. Nochmals herzlichen Dank ... « Wenn Sie einen Blick auf die Firmenhomepage (www.freitag.ch) werfen, werden Sie feststellen, dass diese flotte Ansprache sehr gut zum Unternehmen und seinen Produkten passt.

Work-Life-Balance-Unterstützung von der Bank

Nicht nur trendige Taschenhersteller, auch Banken sind zur Originalität fähig. Das bewies die Raiffeisenbank St. Gallen, die mir »ein persönliches Wertpapier für mehr Lebensqualität« schickte. Dem Anschreiben lag ein Gutschein für einen »Work-Life-Balance Online-Test im Wert von 129,– CHF« mit persönlichem Zugangscode bei. Ein zweites Anschreiben zwei Wochen später vermutete, es müsse um meine Work-Life-Balance gut bestellt sein – schließlich hätte ich den Test bisher nicht gemacht. Für den Fall allerdings, dass dies aus Zeitmangel geschehen sei, biete man mir Lösungen an, wie ich im Alltag Zeit sparen könne. Zum Beispiel bei meinen Bankgeschäften …

Im doppelten Wortsinne gute »Etikette« einer Werbeagentur

Die Werbe-Agentur am Flughafen spielt beim gesamten Unternehmensauftritt (www.agenturamflughafen.ch) mit dem Thema Flughafen, beispielsweise kann man auf der Website »einchecken« und erhält ein virtuelles Flugticket, man informiert sich über die »Crew«, kann sich ein »Entertainment«-Programm anschauen et cetera. Klar, dass mein Geburtstagsbrief das Thema weiterspann, mir zur neuen Station auf meiner Reise gratulierte, auf die Relevanz »guter Etikette« hinwies und mir selbige (einen Kofferanhänger) gleich schenkte. Im Übrigen sei in der »Businessclass« der Agentur jederzeit ein Platz reserviert für mich.

Ein Sportstudio, das charmant nachfasst

Viele Unternehmen scheuen sich nachzuhaken, wenn Kunden nichts mehr von sich hören lassen. Hier ein Beispiel für eine humorvoll-motivierende Mail:

Guten Tag Nicole,

Besuch uns doch wieder mal im Fitness, wir vermissen Dich!

Uns ist aufgefallen, dass Du seit einiger Zeit nicht mehr bei uns im Fitness trainierst, obwohl Deine Dauerkarte bei uns noch immer gültig ist.

Leider haben wir Dich telefonisch unter Deiner angegebenen Nummer nicht erreichen können. Ruf uns doch mal an. Wir beraten Dich gerne und vereinbaren einen Termin mit Dir, wenn es um deine Motivation geht. Du wirst bei Deinem Wiedereinstieg mit Rat unterstützt und das Fitness-Team steht Dir mit neuer und frischer Motivation jederzeit zur Seite.

Wir würden uns wirklich sehr über eine kurze Rückmeldung von Dir freuen.

Sportliche Grüße

Eine Kaffeemaschine stellt ihre Nachfolgerin vor

Auch Nespresso setzt auf Originalität und verblüffte mich mit einem Schreiben meiner Kaffeemaschine. Unter der Betreffzeile »Mein wohlverdienter Ruhestand« hieß es dort:

Liebe/r Nespresso-Genießer/in!

Es fällt mir schwer, Ihnen diesen Brief zu schreiben. Erstens, weil ich keine Hände habe, und zweitens, weil wir schon so lange erfolgreich zusammenarbeiten. Seit Jahren mache ich mit Liebe den Kaffee, den Sie und die anderen so gerne genießen.

Heute ist jedoch der Tag gekommen, an dem ich gerne in Pension gehen möchte. Bitte verstehen Sie mich nicht falsch: Ich lebe für meinen Job, aber ich fühle einfach, dass meine Aufgaben hier beendet sind.

Aber in jedem Ende steckt auch ein neuer Anfang. Darum habe ich bezüglich meiner Nachfolge einen besonders attraktiven Deal für Sie ausgehandelt. Im Austausch gegen mich erhalten Sie eine fabrikneue ZENIUS ZN ICO PRO Kaffeemaschine von Nespresso für nur …

> Wie können Sie Ihre schriftliche Kundenkommunikation passend zum Unternehmensauftritt aufpeppen? Vielleicht gibt es jemanden in Ihrem Team, der durch originelle Geburtstagsgrüße oder Kollegenmails aufgefallen ist? Geben Sie ihm oder ihr Freiraum und ermuntern Sie Ihre Mitarbeiter, Ideen zu entwickeln!

Strategie 3: Kleine Geschenke erhalten die Freundschaft

Dieser Spruch ist wirklich nicht neu. Nur: Warum beherzigen ihn so wenige Anbieter? Schon ein kleiner Glückskäfer aus Schokolade genügte, um die Lottokunden in unserem Tankstellenshop zu begeistern. Das spricht Bände, denn es zeigt, wie selten Kunden gratis und unverhofft etwas Gutes getan wird. Weitere Beispiele:

Eine kleine Zugabe …

➤ Im Fitnessstudio bekommt jeder am Nikolaustag bei der Rückgabe des Schrankschlüssels eine kleine »Nikolaustüte« mit Gebäck (weil er so »artig« Sport gemacht hat …).

➤ Wer beim Arzt länger als eine halbe Stunde warten muss, bekommt eine Eintrittskarte für den benachbarten Palmengarten geschenkt.

➤ Im Hotel wird der Übernachtungsgast auf ein jahreszeitliches Getränk eingeladen: Punsch im Advent, Sex on the Beach im Hochsommer, Chai Latte an kühlen Herbsttagen.

All diese Zugaben belasten das Budget nur unwesentlich (sofern der Arzt seine Termine im Griff hat), machen Freude und werden gern weitererzählt. Gute und langjährige Kunden kann man mit größeren Geschenken überraschen, die zum Anlass oder Geschäft passen.

➤ Eine Drogeriekette schenkt allen Geschäftspartnern zu Weihnachten Patrick Süßkinds Bestseller *Das Parfum*.[34]

➤ Ein Finanzberater schenkt seinen Kunden einen hochwertigen Schirm, mit dem Hinweis: »Ich lasse Sie nicht im Regen stehen!«

➤ Ein Autohaus überrascht Cabrio-Käufer mit einer schicken Base-Cap und einer Tube Sonnencreme und wünscht viel Spaß beim ersten Ausflug.

Überraschende Glückwünsche

Ich selbst habe vor einiger Zeit einem Kunden in Deutschland, der eine Auszeichnung bekommen hatte, einen Appenzeller Lebkuchen geschickt und herzlich gratuliert. Die Überraschung in der Vorstandsetage der Bank war groß. Wie ich das denn mitbekommen hätte? Ganz einfach: Ich habe einen unglaublich leistungsfähigen Spion: Google Alerts meldet mir alle Neuigkeiten zu bestimmten Stichworten (beispielsweise Kundennamen) in Sekundenschnelle per E-Mail. Das wollen Sie auch? Ist ganz einfach: Auf der Google-Startseite erteilen Sie Ihren Suchauftrag im Dropdown-Menü » Mehr à Noch mehr à« unter »Alerts«.[35]

---

34 Zanetti, *Kundenverblüffung*, S. 123
35 Der Link ist: http://www.google.de/alerts?hl=de

Wie können Sie Kunden mit einem unverhofften Geschenk eine Freude machen? Was lässt sich mit einem kleinen Augenzwinkern überreichen? Achtung: Standard-Werbegeschenke mit großem Firmenaufdruck zählen nicht!

Strategie 4: Erfolgsmodelle anderer Branchen kopieren

Selbst wer wild entschlossen ist, seinen Kunden Gutes zu tun, hat häufig nicht gleich eine passende Idee im Kop f. Ein Blick in andere Branchen hilft möglicherweise weiter.

Abwrackprämie für Laufschuhe
Das Sportgeschäft Pitsch Sport sandte mir einen praktischen Schuhbeutel (Geschenk ohne Werbeaufdruck; siehe Strategie 3!) mit dem Angebot: »Jetzt abgelaufene Laufschuhe eintüten, zu uns in den Shop bringen und Abwrackprämie kassieren.« Außer fünf Schweizer Franken Prämie gab es während der zeitlich befristeten Aktion einen kostenlosen Namensaufdruck für den Schuhbeutel. Auch sonst ist der Mittelständler kreativ und bietet seinen Kunden regelmäßig Events, etwa einen gemeinsamen »Vollmondlauf auf den Säntis« in den frühen Morgenstunden des 1. September.

Kräuterabo beim Küchenchef
Jan Brosinsky, Küchenchef im Radisson Blu St. Gallen, liebt Kräuter. In seinem Kräutergarten wachsen 50 verschiedene Sorten, die die Hotelküche bereichern. Hobbyköchen bietet der Profi eine Mitgliedschaft im Kräutergartenclub: Für 20 Schweizer Franken pro Saison kann man so viele Kräuter beziehen, wie man möchte. Dazu meldet man sich an der Rezeption: »Ein Koch begleitet Sie gerne in den Kräutergarten und hilft Ihnen, die passenden Kräuter zu finden.«

 **»Erstbezug« im Hotelzimmer**
Im Mindness Hotel Bischofsschloss in Markdorf (Bodenseekreis) lässt man sich immer wieder neue Serviceideen einfallen. Neben originellen Betthupferln aus der Kinderzeit des Gastes gehört dazu auch der »Erstbezug« der Hotelbetten. Nach jedem Gast wird jedes Kissen und jede Decke komplett gereinigt; selbstverständlich nach höchsten ökologischen Standards. So bietet Hotelier Bernd Reutemann seinen Gästen Betten mit vollhygienischer Frischegarantie. Eine weißgrüne Papierbanderole ums Bett informiert Gäste über diese »First Class Frischegarantie« (www. mindnesshotel.de). Weitere Überraschungen – etwa einen Gruß vom Schlossgeist unter dem Hotelbett – finden Sie auf meiner Website www.spielend-verkaufen.ch.

 **Hitzerabatt im Computerhandel**
In der Schule gibt es hitzefrei, im Konstanzer Softwarehaus Combit gibt es im Sommer einen Hitzerabatt. Dazu wird die Temperatur um 9:00 Uhr morgens gemessen und in einen prozentualen Preisnachlass übersetzt. Ist es 20 Grad warm, gibt es also alles 20 Prozent billiger.

Der Blick auf andere Bereiche kann originelle Ideen ankurbeln: Warum gibt es eigentlich in Restaurants kein »Kinderparadies« analog zum Möbelhaus? Ein bunt dekorierter extra Kindertisch mit Kinderbetreuung könnte gestresste Eltern begeistern. Warum gibt es Umtauschaktionen bisher vorwiegend bei Küchenartikeln (»1 Euro für jedes Besteckteil, wenn Sie ein neues kaufen«)? Möglicherweise könnte man so auch Männer zum Hemdenkauf animieren. Wieso schwanken eigentlich nur bei Hotelzimmern die Preise nach Auslastung? Was wäre, wenn ein Friseur an Saure-Gurken-Tagen die Haare billiger schneiden würde, beispielsweise zum »Dienstagsrabatt«?

Welche Serviceidee einer anderen Branche könnten Sie kreativ und zur Freude Ihrer Kunden abwandeln?

Strategie 5: Wir haben Zeit für Sie!

Eine einfache und direkte Form der Kundenwertschätzung ist es, Zeit zu haben. Kundenbedienung ohne die übliche Hektik schafft es sogar bis in die Zeitung, wie das folgende Beispiel zeigt.

»Bummlerkasse« bei Migros

Expresskassen für alle, die es besonders eilig und wenige Artikel im Einkaufskorb haben, gibt es fast in jedem Supermarkt. Migros kehrte den Spieß um und richtete auch eine »Bummlerkasse« ein, an der Trödeln erlaubt war und die Kassiererin Zeit für einen kleinen Schwatz hatte. Auf Wunsch wurden die Einkäufe zusätzlich von einer Servicekraft eingepackt. An der Bummlerkasse bildeten sich regelmäßig lange Schlangen; das *St. Galler Tagblatt* berichtete.[36]

»One-to-one«-Service bei Apple

Für manche Menschen ist der Einkauf in einem Mediengroßmarkt wie eine Expedition in ein fremdes lautes Land mit einer schwierigen Sprache: Fachchinesisch. Stutzig wurde ich daher, als ich eines Morgens kurz nach 8:00 Uhr an einem Apple Store vorbeilief und zufällig Zeuge wurde, wie eine Kundin energisch an die Glastüre klopfte. Ein Mitarbeiter, der noch mit Staubsaugen beschäftigt war, öffnete sofort: »Sie haben einen Termin? Kommen Sie doch bitte herein! Sie werden oben erwartet.« Im Internet erfuhr ich: Apple bietet seinen Kunden nicht nur kostenlose Gruppenworkshops an, sondern auch persönliche Intensivtrainings, die für 99 Euro beim Kauf eines Apple-Geräts dazugebucht werden können.

Wie können Sie sich entgegen dem allgemeinen Trend Zeit für Ihre Kunden nehmen und dies werbewirksam vermarkten?

---

[36] »Zu einem ungewöhnlichen Jassturnier, einer Bummler-Kasse, einem Orange-Trip und einer sportlichen Spende«, in: *St. Galler Tagblatt online* vom 15. März 2007.

Strategie 6: Exklusive Angebote zum Mitmachen und Staunen

Viele Menschen spielen nur zu gerne mit, wenn man ihnen etwas zu tun gibt – am besten etwas, was anderswo nicht ohne Weiteres zu haben ist.

»Hammerfrauen« im Baumarkt

Mit dem Slogan »Zeigen Sie es den Männern!« warb der Baumarkt Obi für seinen ersten kostenlosen Heimwerkerinnen-Workshop. Der Andrang war groß: Über zweihundert Frauen nahmen teil, über fünfzig mussten auf die nächste Veranstaltung vertröstet werden. An insgesamt neun Stationen konnte gehämmert, gebohrt und gepinselt werden. Besonders begehrt: mit Gehörschutz und Brille dicke Löcher in einen Felsblock oder Backstein bohren. Hier musste über Lautsprecher zum Weiterwechseln ermuntert werden. Am Ende gab es für alle noch ein T-Shirt, präsentiert von einer Baumarkt-Mitarbeiterin, die die nächsten Termine bekannt gab und sich dann theatralisch die Bluse aufriss. Darunter trug sie das Shirt mit dem passenden Wortspiel: Hammerfrau![37] Offenbar erfüllte die Veranstaltung ihren Zweck, neue Käufergruppen in den Baumarkt zu locken, denn Obi-Filialen in der Schweiz bieten diesen besonderen »Kundinnenservice« regelmäßig an. Der Wettbewerber Bauhaus zog 2012 mit einer »Women's Night« an zahlreichen deutschen Standorten nach. Hier standen die kostenlosen Abendkurse unter dem Motto »Für Frauen, die sich trauen!«

Uhren-Workshop bei IWC

Bei IWC baut man seit 1868 hochwertige mechanische Uhren. Ausgewählten Kunden bot das Unternehmen ein Seminar, in dem sie selbst eine Uhr zerlegten und wieder zusammensetzten – für Uhren-Fans ein einmaliges Erlebnis! Die meisten der Uhrmacher für einen Tag kauften am Schluss die »selbst gebaute« Uhr, trotz des stolzen Preises. Eine IWC kostet eine vier- bis fünfstellige Summe. Spielerisch in eine Rolle zu schlüpfen und hinter die Kulissen einer Uhrenwerkstatt zu blicken, übte auf die Teilnehmer offenbar einen besonderen Reiz aus. Auch andere Branchen ködern Kunden mit Erfahrungen, die nicht alltäglich sind, etwa wenn Hotels zu Kochworkshops mit dem Küchenchef in ihr Hotelrestaurant einladen. Dabei ist das Hantieren in einer Hotelküche mindestens ebenso spannend wie die ausprobierten Rezepte. Was uns nahtlos zum nächsten Punkt führt.

---

[37] »Workshop für Hammerfrauen«, in: *St. Galler Tagblatt online* vom 17. November 2008.

Blick hinter die Kulissen

Das CSIO – Concours de Saut International Officiel (www.csio.ch) – ist ein hochkarätig besetztes Reitturnier, das Zehntausende Zuschauer anzieht. Ausgewählten Pferdenarren bieten die Organisatoren in der Schweiz eine Führung durch die Stallungen. Diese exklusive Veranstaltung ist heiß begehrt, denn so nah kommt man den besten Pferden des Landes sonst kaum. Etwas kennenlernen, was nicht jeder haben kann, das macht Kunden neugierig und schmeichelt ihnen. Kein Wunder, dass Radiosender Backstage-Pässe inklusive »Meet and Greet« für Konzerte verlosen, bei denen sie als Veranstalter auftreten. Wer träumt nicht davon, »seinem« Star einmal die Hand zu schütteln?!

Welches Exklusivangebot können Sie Ihren Kunden machen? Denken Sie nicht zu kompliziert: Möglicherweise reicht es schon, sie für eine kurze Zeit in Ihren Job schlüpfen zu lassen oder sonst versperrte Innenansichten zu bieten.

Strategie 7: Verrückte Spiele spielen

Die hohe Kunst beim Ausnahmeservice sind ungewöhnliche Spiele, die Kunden begeistern und für Mundpropaganda sorgen.

Einladung zur Gelddusche

Onkel Dagobert aus Entenhausen badet regelmäßig in seinen angehäuften Goldtalern, wie jeder Donald-Duck-Fan weiß. Das St. Galler Casino ließ sich davon inspirieren und lädt Kunden dienstags zur »Gelddusche« ein. Beim »Happy Shower« wird man zwölf Sekunden lang von herumwirbelnden Geldscheinen umtost. Behalten darf man alles, was man in dieser Zeit an sich reißen kann.

Angry Birds gibt es wirklich?!

Das Computerspiel mit den wütenden Vögeln, die räuberischen Schweinen die geklauten Eier wieder abjagen wollen, wurde über 500 Millionen Mal auf Smartphones und Computer heruntergeladen. [38] (So viel zu der Frage, ob Erwachsene für »alberne« Spiele zu haben sind!) Die Telekom baute das Spiel auf dem Markplatz im spanischen Terrassa mit einem riesigen Bildschirm und überdimensiona-

---

[38] Vgl. http://www.industrygamers.com/news/angry-birds-hits-a-half-billion-in-downloads/

len Bauklotzkonstruktionen nach und lud Passanten ein, wasserballgroße Vögel abzufeuern. Offenbar hatte alle eine Menge Spaß, wie ein Video dokumentiert. Auch wenn sich dahinter eine professionelle Werbeaktion verbirgt, spricht daraus die Lust vieler Menschen, es mal richtig krachen zu lassen. Und so gibt es längst professionelle Anbieter, die das Zerdeppern von Autos mit dem Vorschlaghammer möglich machen oder Paintball-Turniere organisieren.[39]

Vielleicht könnten Sie Ihren Kunden so eine Freude machen, bevor Sie das nächste Mal die Halle renovieren? Und: Müssen auf Parkplätzen eigentlich immer nur Hüpfburgen aufgebaut werden?

Kleingeld gegen klingende Töne

Die Parkuhr vor einer Apotheke in Zürich kann nur mit 50-Rappen-Stücken gefüttert werden. Also bitten regelmäßig Passanten um einen Geldwechsel. Statt mürrisch darauf hinzuweisen, man sei keine Wechselstube, beweist der Apotheker Humor: »Ja, gerne! Kleingeld gibt es gegen ein Lied«, sagt er augenzwinkernd. Viele Parker spielen lachend mit, und so wird regelmäßig gesungen, manchmal sogar im Chor.

»Delaytainment«: Wer hat das hässlichste Foto?

Die amerikanische Fluglinie Southwest ist bekannt für unkonventionelle Ideen. So verkürzt sie verspätungsbedingte Wartezeiten nicht mit schnöden Getränkegutscheinen. Stattdessen lädt eine Flugbegleiterin (»Hi, my name

---

[39]   Zum Beispiel www.autozertruemmern.de, www.jochen-schweizer.de, www.mydays.de

is Cindy!«) die Passagiere zu einem Wettbewerb um das hässlichste Führerscheinfoto ein. Dem Gewinner winkt ein Freiflug mit Southwest.[40] Marketingexperten propagieren »Delaytainment«; praktiziert wird es jedoch kaum. Doch wenn Krankenhäuser kleine Patienten durch Clowndoktoren aufheitern, warum kommen Fluglinien nicht auf die Idee, auf ähnliche Weise quengelnden Kindern und ihren Eltern die Wartezeit bis zum Start des Ferienfliegers zu verkürzen? Oder warum unterhalten Supermärkte die Samstagvormittag-Kassenschlange nicht mal mit einem Zauberkünstler, der Kunden schon vorher das Geld aus der Nase zieht?

Welches verrückte, lustige, unterhaltsame Spiel könnten Sie für Ihre Kunden organisieren?

Machen Sie Ihr Spiel!

Kunden verlassen Unternehmen selten wegen mangelnder Produktqualität. Sie kehren Anbietern vor allem den Rücken, weil sie sich missachtet, nicht wertgeschätzt fühlen.

Spielerische Servicemomente zeigen, dass Sie sich ernsthaft um Ihre Kunden bemühen. Spielerischer Ausnahmeservice entfaltet jedoch nur dann seine Wirkung, wenn die »Basics« stimmen.

Spielerische Servicemöglichkeiten im Überblick:

➤ Standardservice humorvoll abwandeln (zum Beispiel bei Ansagen),

➤ kreative E-Mails und Briefe,

➤ kleine Geschenke, die zum Anlass passen und Fantasie beweisen,

➤ Servicestrategien anderer Branchen abgucken,

➤ sich ausdrücklich Zeit nehmen,

➤ exklusive Mitmachangebote konzipieren,

➤ verrückte Spiele spielen.

---

[40] Scherer, *Jenseits von Mittelmaß*, S. 79.

5.   Spielerische Websites

Langeweile? Adoptiere eine Biene oder greif zum Bananafon!

Bunte Fruchtgetränke – sogenannte Smoothies – sind heute in jedem Supermarkt zu haben. Marktführer in Europa ist die Firma Innocent, 1999 von drei britischen College-Freunden gegründet. Schon die Geburt der Firma fußt auf einem Spiel: Richard Reed, Jon Wright und Adam Balon kauften für 750 Euro Obst, verarbeiteten es zu Smoothies und verkauften diese auf einem Londoner Musikfestival. An ihrem Stand befestigten sie ein Schild: »Sollen wir unsere Jobs aufgeben und Smoothies machen?« Wer für den Umstieg war, konnte seine leere Smoothie-Flasche in einen Mülleimer mit der Aufschrift YES werfen, Gegner benutzten den NO-Mülleimer. Abends war der YES-Eimer voll, und die Entscheidung war gefallen.

Heute hat das Unternehmen eine Niederlassung in Österreich, die auch Deutschland und die Schweiz versorgt, und macht Umsätze in dreistelliger Millionenhöhe. Wer die Website www.innocentdrinks.de besucht, merkt sofort, dass Innocent seine spielerische Grundhaltung bewahrt hat. Da wackeln neben Standardkategorien (Über uns, Presse, Kontakt) eine kleine Biene und die Frage »langweilig?« in der Taskleiste.

Wer der Frage folgt, wird auf eine Pinnwand mit lustigen und wissenswerten Nachrichten geführt. Er kann zum Beispiel der Geschichte seines »Neujahrsvorsatzes« nachspüren, der »Innocent-Familie« beitreten (»Teilnahmeberechtigt sind ausschließlich nette Leute«), bei »Kiwipedia« »fast alles« über Kiwis nachlesen: »1. Kiwis sind wie wir. Sie finden, sie sehen in ihrer Schale zu dick aus. Sie tragen zu viel Parfüm auf. Und Freitagabends ziehen sie in Schwärmen los, um sich in überteuerten Clubs an den Kiwis vom Nachbarbaum zu reiben. Denn Kiwis sind, anders als andere Früchte, Männchen oder Weibchen …«

Hinter dem Bienchen verbirgt sich die Aktion »Adoptiere eine Biene«, denn ohne Bienen keine Früchte und ohne Früchte keine Smoothies. Selbstverständlich gibt es eine Webcam im Bienenstock. Damit nicht genug: Anlässlich der Olympiade betreibt man »fruit sports«: Smoothie-Fans können mit dem besten Foto eine Reise nach London gewinnen. Anregungen des Unternehmens: Birnenjonglieren oder Erdbeerbusch-Hürdenlauf.

Auch beim Recruiting behält man den lockeren Ton bei: »Mit unseren Mitarbeitern halten wir es wie mit frischen Früchten: Wir wollen nur die Besten. Denn wir sind der Meinung, dass die besten Smoothies der Welt nur von einem begeisterten und brillanten Team hergestellt werden können.« Das scheint mehr als Wortgeklingel: Innocent wurde vom *Guardian* als »Bester Arbeitgeber Großbritanniens« ausgezeichnet. Offenbar gehören für das Unternehmen Spaß und Spiel zum Leben dazu. Warum das Ganze Innocent heißt? Keine Ahnung, wahrscheinlich auch nur ein »unschuldiges« Spiel.

Wie spannend ist Ihr Internetauftritt? Laden Sie Ihre Kunden zum Verweilen ein? Oder machen Sie ihnen nur wenig Lust, länger als unbedingt nötig auf der Seite zu bleiben? Viele Websites sind gähnend langweilig, vorhersehbar. Die Innocent-Seite ist anders, humorvoll, verspielt. Sie macht Spaß und weckt Sympathie für das Unternehmen. Denn mal ehrlich: Nur wenige Kunden interessieren sich dafür, dass ein Unternehmen 1998 gegründet wurde und 2005 größere Räume bezogen hat. Auch Fotos des Firmengebäudes, die das öde Industriegebiet darum herum erahnen lassen, sind nicht wirklich prickelnd. Und wie der Empfangstresen aussieht, will ebenfalls kaum jemand wissen, selbst wenn die Mitarbeiterin dahinter noch so gewinnend lächelt.

Eine gute Website ist kompromisslos kundenorientiert. Sie weckt Vertrauen und Sympathie. Sie spricht Kunden direkt an und tritt in Interaktion mit ihnen. Spielerische Momente sind für all diese Zwecke hervorragend geeignet. Wenn Sie also nicht gerade Steueranwalt oder Bestatter sind, trauen Sie sich, auf Ihrer Website zu spielen!

Sympathieträger statt Unternehmensporträt

Kein Unternehmen kommt im 21. Jahrhundert ohne Homepage aus; jeder Campingplatz und jede Pizzabude ist heute im World Wide Web vertreten. Neben Service- und Informationsfunktionen prägt die Webpräsenz das Image eines Unternehmens: Ist es altbacken oder modern, reserviert oder aufgeschlossen, selbstbezogen oder kundenorientiert? All das transportiert ein Webauftritt unweigerlich mit. Die Website ist das Schaufenster einer Organisation zur Welt und für potenzielle Kunden, Mitarbeiter und Geschäftspartner oft der erste Kontaktpunkt. Viele Unternehmen verschenken eine Chance, indem sie Besucher ihrer Homepage vorrangig mit Zahlen, Daten, Fakten langweilen und das Ganze mit kühlen Werbefotos garnieren. Es geht im Netz nicht länger nur darum, sich selbst zu präsentieren, sondern erfolgreich Kontakt zum potenziellen Kunden aufzunehmen. In Interaktion zu treten und Nutzer Inhalte generieren zu lassen ist die Grundidee des Web 2.0, mit der die Generation der heute Zwanzig- bis Dreißigjährigen aufgewachsen ist und die für ihre älteren Geschwister ebenfalls selbstverständlich geworden ist. Kein Wunder, dass immer mehr Unternehmen dazu übergehen, ihre Kunden zu duzen und sich zumindest auf diese Weise dem Facebook-Jargon ihrer Besucher anzupassen.

Die Generation Y wird gern als »Spielegeneration« bezeichnet, und die boomenden Umsätze bei Computerspielen oder Spiele-Apps belegen diese These (siehe Kapitel 2). Tobte vor Jahren in vielen Büros das *Moorhuhn*-Fieber, sind es heute Spiele-Apps wie *Angry Birds*, die längst auch andere Plattformen erobert haben. Passend dazu rufen Marketingstrategen »Gamification« (Game-based-Marketing) zum neuesten Trend aus und diskutieren auf Fachkonferenzen darüber. Game-Experte Arne Gels unterstrich beispielsweise im Rahmen der Content-Marketing Conference Köln (2011): »Spielerische Ansätze eigenen sich gut, um die Kommunikation mit den Nutzern zu vertiefen«, und selbst die Deutsche Post macht sich inzwischen Gedanken über einen »spielerischen Kundendialog«[41].

Hinzu kommt: Die Wahrnehmungsgewohnheiten und ästhetischen Ansprüche haben sich in den letzten Jahrzehnten verändert. Wer heute populäre Spielfilme aus den Sechzigerjahren sieht, staunt über die Gemächlichkeit ihres Erzähltempos. Bevor die Story richtig in Gang kommt, sind in einem Blockbuster von heute schon ein paar Tonnen Sprengstoff explodiert, etliche Verfolgungsjagden absolviert und ein halbes Dutzend Bösewichte ins Spiel gebracht. Schnelle Schnitte und ein hohes Erzähltempo sind schon im Kinderfilm selbstverständlich. So ist es sicherlich kein Zufall, dass Nike-Werbespots von 2012 die Sportler in die aufwendig produzierte Szenerie eines überdimensionalen Computerspiel versetzen, in dem Hauswände erklommen, Häuserschluchten übersprungen werden und einschlagenden Riesenkugeln ausgewichen werden muss. Der Slogan dazu: Game on, world. Wer heute 30 ist, ist an flotte, spielerische Unterhaltung gewöhnt, an Interaktionsmöglichkeiten und direktes Feedback. Auch das spricht dafür, dass man sich etwas einfallen lassen sollte, um die Kunden von heute und morgen auf die eigene Website zu locken.

Über die emotionale Komponente von Verkaufsentscheidungen besteht ebenfalls kein Zweifel. Wer die Qual der Wahl unter einem Überangebot hat, kauft entweder das Billigste – oder das Produkt, das seine Sympathie weckt. Sympathie gewinnt man, indem man seinem Gegenüber Aufmerksamkeit schenkt und seinen Bedürfnissen Rechnung trägt, statt primär Eigeninteressen zu folgen. Wer seinen Kunden positive Erlebnisse verschafft, hat die Nase vorn. Auch das ist ein Argument dafür, Besuchern der Homepage mehr zu bieten als Informationen in eigener Sache. Es spricht gegen statische, unternehmenszentrierte Websites und für die spielerische Einbeziehung von Kunden.

Einige Vorteile spielerischer Websites auf einen Blick: Spielerische Momente

➤ locken mehr Kunden auf eine Seite,

➤ verlängern die Verweildauer der Kunden auf der Seite und erhöhen damit die Wahrscheinlichkeit eines Kaufs,

➤ machen Spaß und führen dadurch zu einer positiven Wahrnehmung von Unternehmen, Marke und/oder Produkt,

➤ bleiben besser im Gedächtnis haften als uniforme Elemente (weil der Kunde aktiv geworden ist),

➤ können virale Effekte auslösen (Mundpropaganda, Verlinkungen) und

➤ führen dadurch zu einer besseren Suchmaschinenplatzierung der Website.

Natürlich müssen spielerische Momenten nicht nur zur Zielgruppe, sondern auch zum Unternehmen und seinen Produkten passen, und es gibt eine breite Palette von Möglichkeiten, von eingebauten spielerischen Gimmicks bis zum spielerischen Gesamtaufbau. Lassen Sie sich anregen!

Kunden unterhalten: Websites, die Spaß machen

Welche Möglichkeiten modernes Webdesign birgt, zeigt die Website eines niederländischen Illustrators, der sich hinter dem Kürzel bio-bak verbirgt: http://bio-bak.nl. Die Seite ist witzig, überraschend – kurz: eine Fundgrube für originelle Ideen. Hier kann man Dinosaurier an der Nase ziehen, mit virtuellen Metalldetektoren »Werkzeuge« finden, die wiederum Instrumente in Gang setzen und Vögel zum Techno-Tanzen bringen, Monster animieren und vieles mehr. Eine Anleitung im traditionellen Sinne fehlt, es geht ums spielerische Entdecken. Denn wer liest heute noch Anleitungen? Die Frage beantwortet sich, wenn Sie Digital Natives beim Ausprobieren neuer Tools beobachten. Stattdessen gibt auf dieser Website ein schräger Comic-Vogel in krächzendem Englisch den einen oder anderen Tipp und der Cursor in Form einer beweglichen menschlichen Hand zeigt an, wo es noch etwas zu entdecken gibt. Das Ganze hat in der Netzgemeinde für großes Aufsehen gesorgt – bei Google führt das Stichwort »bio bak« zu 7,7 Millionen Treffen. So radikal verspielt und chaotisch wird kaum ein Unternehmen sich präsentieren wollen, aber zur Einstimmung ins Thema ist die Seite unübertroffen. Im Folgenden einige unternehmenstaugliche Strategien und entsprechende Beispiele.

Strategie 1: Der spielerische Gesamtauftritt

Millionen Menschen schlüpfen jedes Jahr bei Fasnacht oder Karneval in eine Rolle und präsentieren sich spielerisch. Manche Unternehmen gehen im Web den gleichen Weg.

Land der Inspiration

Bei der Berner Werbeagentur Republica ist der Name Programm: Wer die Website www.republica.ch aufruft, betritt das »Land der Inspiration«. Eine Luftaufnahme gibt den Gesamtüberblick, ein Flugzeug fliegt vorbei und macht per Banner auf »News« aufmerksam, vom Flughafentower kann man in alle Richtungen – zur »360-Grad-Kommunikation« – starten. Mitarbeiter heißen hier Einwohner und präsentieren sich per aufgeklapptem Reisepass als Bewohner des »Grenzenlosen«. Jedes Passfoto ist übrigens animierbar, wenn der Cursor darüberfährt. Viele verspielte Kleinigkeiten laden zu einer Entdeckungstour auf der Seite ein, die auch die herkömmlichen Standards wie etwa Referenzen, Projektbeispiele oder Kontakt spielerisch verpackt und mitteilt: »Ihr Ticket nach Republica. Unser Check-in ist 24 Stunden geöffnet. Wir werden uns umgehend und diskret mit Ihnen in Verbindung setzen.«

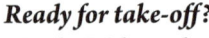

Ready for take-off?

Wer die Website der Agentur am Flughafen (www.agenturamflughafen.com) besuchen will, muss erst einmal ein Flugticket lösen. Hat der Passagier seinen Namen eingegeben, wird umgehend ein Boarding-Pass virtuell ausgedruckt, mit dem er das Flugzeug betritt. Er kann aber auch als blinder Passagier an Bord schleichen. Typische Flughafen-Piktogramme lotsen den Passagier durch die Seite. Unter »Business Class« sind Firmenkunden aufgelistet, unter »Crew« präsentiert sich das Mitarbeiterteam, natürlich standesgemäß in Fluguniform. Unter »Booking« erfährt man neben dem Längen- und Breitengrad auch die Kontaktadresse. Wer Lust auf »Entertainment« hat, kann sich Film-Trailer zu *Airport, Air Force One* und anderen Filmen rund um das Thema Fliegen ansehen oder unter zahlreichen Videos mit Songs wählen. Begleitet wird der Aufenthalt auf der Seite vom typischen Flugzeugrauschen, sodass sich tatsächlich ein »Über-den-Wolken«-Gefühl einstellen kann.

Die beschriebenen Webseiten fordern den Spieltrieb des Besuchers heraus, der die Informationen intuitiv entdecken kann und dabei immer wieder schmunzeln muss. Gleichzeitig erschließt sich die Navigation so rasch, dass die Geduld des Nutzers nicht überstrapaziert wird – im Gegenteil, er bekommt die Infos, die er braucht, und fühlt sich obendrein noch gut unterhalten. Auf diese Weise schleichen sich die Unternehmen ins Gedächtnis ein: Das Ungewöhnliche, das man selbst entdeckt hat, vergisst man nicht so leicht! Ein solcher Gesamtauftritt setzt eine durchdachte Planung von Anfang an voraus, etwa einen entsprechenden Firmennamen. Der spielerische Ansatz funktioniert allerdings nur, wenn er zur Unternehmenskultur passt und sich in der übrigen Kundenkommunikation fortsetzt. Ein peppiger Webauftritt und langweilige Standardmailings oder Geschäftsberichte passen nicht zusammen.

Könnten Sie Ihr Angebot in eine übergreifende Story kleiden? Welche Metapher bietet genügend Möglichkeiten zum Ausspinnen, um die verschiedenen Elemente dabei stimmig zu integrieren?

Strategie 2: Spiele in die Website integrieren

Häufiger als eine spielerische Gesamtgestaltung ist die Integration einzelner Spiele in eine konventionelle Website. Die Spiele haben hier ganz unterschiedliche Funktionen: Sie wecken Aufmerksamkeit, versprechen Spaß, informieren, stellen ein neues Angebot vor, werben für Berufsbilder oder motivieren sogar zu Spenden, wie im folgenden Beispiel.

 ***Spielend Gutes tun***

Ein ernster Inhalt und Spielen? Auf den ersten Blick passt das kaum zusammen. Die Düsseldorfer Kindertafel liefert einen eindrucksvollen Gegenbeweis. Sogenannte Tafeln gibt es inzwischen in ganz Europa. Diese gemeinnützigen Organisationen verteilen Lebensmittel (neben Spenden auch solche, die in Supermärkten aus dem Sortiment genommen werden müssen, aber noch einwandfrei sind) an Bedürftige. Die Düsseldorfer Kindertafel sorgt seit 2007 dafür, dass Schulkinder aus armen Familien ein warmes Mittagessen bekommen. Zu diesem Zweck hat man die Internetseite www.spende-ein-essen.de kreiert, um dringend benötigte Geldspenden zu erheben. Statt flammender Appelle setzt man auf eine visuell-spielerische Umsetzung: Der Spender legt Kindern leckere Speisen auf den Teller und wird dafür mit einem Lächeln belohnt. Die dafür erforderliche Spendensumme kann er anschließend überweisen. Die Spende wird auf diese Weise zu einem persönlichen und konkreten Akt der Hilfe. Die Motivation zum Mitmachen ist groß. Außerdem gibt es eine virtuelle »Tellergalerie«, in der man sich mit einem Gruß verewigen kann: »Als Dankeschön für deine Spende bekommst du einen eigenen Platz an unserer Tafel. Mit einem eigenen Teller. Da kannst du etwas Schlaues draufschreiben – einen Spruch, einen Gruß oder was immer dir so einfällt. In bester Buchstabensuppen-Manier. Viel Spaß!« Vielleicht schauen Sie einfach mal rein?

Das Beispiel zeigt gleichzeitig: Wer zum Spielen einlädt, sollte auch in seinen Texten den richtigen Ton treffen. An die Stelle nüchterner Sachlichkeit oder auf Beeindruckung zielender Werbesprache tritt der freundliche Austausch auf Augenhöhe, gern mit einem Augenzwinkern. Smoothie-Hersteller Innocent liefert auch hierfür gelungene Beispiele, etwa, wenn es unter »Unsere Familie« heißt: »Hast Du Lust, der innocent-Familie beizutreten? Keine Angst, Du hast keinen Spüldienst und musst die Musik auch nicht leiser drehen. Wir halten einfach gerne Kontakt zu den Menschen, die unsere Smoothies trinken. Denn von Leuten wie Dir erfahren wir aus erster Hand, was wir besser machen können.« Und der Innocent-Newsletter vom 18. Juli 2012 begann so: »Hallo, heute ist der 200. Tag in diesem Jahr. Du musst noch 159 Mal schlafen bis Weihnachten, und in 166 Tagen ist Silvester. Abgesehen davon finden wir, dass genau heute der richtige Tag ist, um uns mal wieder bei Dir zu melden.«

Spielend informieren

Die Plattform der Agentur, die Hausbesitzer vom Einsatz erneuerbarer Energien überzeugen will, heißt www.waermewechsel.de. Interessenten werden spielerisch an das Thema herangeführt. Eine grüne Ideallandschaft mit witzigen Animationen (spielende Kinder, Radfahrer, kreuzender Storch) fängt die Aufmerksamkeit ein und erwacht zum Leben, sobald der Besucher den eingeblendeten »Hauskonfigurator« startet. Dort erwarten ihn einige kurze Multiple-Choice-Fragen, die ihn für seine Ausgangsbedingungen sensibilisieren und parallel sein Häuschen entstehen lassen. Am Ende steht ein erster vorläufiger Vorschlag für eine umweltfreundliche Heizungslösung. Einzelne Aspekte, wie Kosten oder Förderprogramme, können dann systematisch vertieft werden. Der Nutzer wird auf praktische, anschauliche und unterhaltsame Weise an ein komplexes Thema herangeführt.

Spielend für ein neues Angebot werben

Ein frühes Beispiel für den erfolgreichen Werbeeinsatz eines Spiels liefert die deutsche Billigfluglinie Germanwings. Die Einführung der Sitzplatzreservierung per Internet wurde im Frühjahr 2008 durch ein »Sitzplatzlotto« auf der Homepage des Unternehmens promotet. Der Lottoschein entsprach dem Sitzplan eines Flugzeugs, angekreuzt werden konnten wie beim echten Lotto sechs Zahlen (bzw. Plätze) als Glückzahlen. Kunden wurden so auf humorvoll-spielerische Weise an den neuen Service herangeführt. Als Hauptgewinn winkte eine fünftägige Mallorca-Reise. Wer Freunde zum Mitspielen einlud, konnte Zusatzlose ergattern und so seine Gewinnchancen erhöhen. Auf diese Weise war für eine virale Verbreitung gesorgt.[42]

Spielend Mitarbeiter gewinnen

Inzwischen haben auch Traditionskonzerne die Macht des Spiels entdeckt und sprechen beispielsweise den Nachwuchs über Recruiting Games an. Mit dem Slogan »Wissen verändert alles« lädt etwa die Deutsche Telekom zu einer Schnitzeljagd durch das Unternehmen ein, bei der Berufsbilder und der Konzern erkundet werden. Dafür müssen berufsrelevante Rätsel und Aufgaben gelöst werden; integriert sind Online-Bewerbungstests. »Schaffen es die Schüler bis in den Endraum, sind sie einem Ausbildungs- oder Studienplatz bei der Telekom näher als nah!«, verspricht das Unternehmen auf seiner Website.[43] Ganz kann die Organisation ihre Konzernfesseln jedoch nicht abstreifen: Ob Schüler wirklich begeistert sind, wenn sie zum Spielstart von

---

[42] Mehr unter http://www.germanwings.com/de/Unternehmen-Pressearchiv.htm (Pressemitteilung vom 24. April 2008)
[43] www.telekom.com/karriere/Schueler/wissen-veraendert-alles/92046

Vorstand Niek Jan van Damme vor der Bonner Zentrale mit einer kleinen Rede begrüßt werden und im Endraum nach erfolgreicher Überwindung aller Hindernisse keine echte Überraschung wartet, sondern lediglich ein Glückwunsch des Vice President Recruiting im Anzug und in wohlgesetzten Worten? Kritisiert werden in Personaler-Foren daneben lange Ladezeiten, dudelnde Musik und mangelnde Incentives des Spiels, das in Wahrheit herkömmliche Auswahltests nicht abkürze.[44]

Auch die Commerzbank setzt auf spielerische Berufsfelderkundung. Hier lautet das Motto »Probier dich aus!« Die interaktive Seite www.probier-dich-aus.de wirbt mit flottem Ton und nett gestylten Jugendlichen, ist aber ebenfalls weit vom Spielerlebnis junger Gamer entfernt: In kleinen Schritten wird der Besucher durch das Programm geführt, alles wird umständlich erklärt, und die Aufgaben erinnern doch sehr an schulisches Lernen.

Das führt zu grundlegenden Fragen für den erfolgreichen Einsatz von Spielen auf einer Website:

➤ Wer genau ist Ihre Zielgruppe, und was spricht sie an?

➤ Wie viel Game-Erfahrung kann man voraussetzen? Wie viel Erläuterungen und Einweisungen sind tatsächlich nötig? Vierzig- oder Fünfzigjährige gehen mit ganz anderen Strategien an Online-Spiele heran als ihre Kinder und Enkel, die sich schnell und rein intuitiv zurechtfinden.

➤ Hat das Spiel das richtige Anspruchsniveau für die Zielgruppe? Zu schwierige Spiele frustrieren, zu einfache oder zu langatmige langweilen.

➤ Bietet das Spiel dem Spieler einen konkreten Nutzen? Das können Preise und Gewinne sein, aber auch einfach echter Spielspaß oder der Wettbewerb mit anderen Spielern.

➤ Ist das Spiel attraktiv genug, um per Mundpropaganda weiterempfohlen zu werden (viraler Effekt)?

➤ Durch welche Begleitmaßnahmen soll auf das Spiel aufmerksam gemacht werden?

➤ Wie wird das Spiel in die Marketingstrategie des Unternehmens eingebunden? Mit welchen anderen Maßnahmen soll es verzahnt werden?

---

[44] Vgl. http://www.personalmarketingblog.de/online-recruiting-bei-der-telekom-das-spiel-geht-weiter%E2%80%A6

Gute Spiele müssen vor allem einem gefallen: dem Nutzer. Schließlich soll ihn das Spiel dazu verlocken, ihm freiwillig einen Teil seiner Zeit zu opfern. Nur wenn das Spiel als solches gefällt, kann es seinen »Nebenzweck« erfolgreich erfüllen, gleichgültig ob dieser im Transport von Informationen, im Anwerben potenzieller neuer Mitarbeitern oder in der Bekanntmachung einer Dienstleistung besteht. Möglicherweise muss manches Traditionsunternehmen da noch ein wenig mutiger werden. Lohnen würde sich auch, Spielvorhaben vor der Umsetzung von Angehörigen der Zielgruppe testen zu lassen, die kein Blatt vor den Mund nehmen.

Ein Unternehmen, dem es hervorragend gelingt, seine junge Zielgruppe auf spielerische Weise zu fesseln, ist der dänische Spielwarenkonzern Lego.

 ### Spielend Computerkids begeistern

Lego zählt zu den weltweit größten Spielzeugkonzernen. Überall auf der Welt werden Kinder mit Legosteinen groß; in vielen Familien wandert eine »Lego-Kiste« von einem Kind zum nächsten in der Verwandtschaft. Die Steine, von denen durchschnittlich jeder Mensch auf der Welt 75 Stück besitzt, haben nichts von ihrem Reiz verloren. Wer die Lego-Website www.lego.com besucht, erkennt auf den ersten Blick, dass das Unternehmen den Anschluss an die Computerkids von heute nicht verlieren will und Online-Welt und echte Welt spielerisch geschickt verzahnt. In »Lego City« erwachen die Lego-Figuren, Lego-Fahrzeuge und Lego-Häuser zum Leben, es können Brände gelöscht, Diebe geschnappt, Gebäude errichtet, Fische geangelt, Gleise verlegt werden und vieles mehr. Eine Vielzahl von Computerspielen für jeden Geschmack lässt keine Langeweile aufkommen und präsentiert ganz nebenbei die Lego-Produkte der »Echt-Welt« als cool und zeitgemäß. Ergänzt wird dies durch weitere Maßnahmen: In der Lego-Galerie präsentieren Fans aus aller Welt ihre neuesten Kreationen und bewerten die eingestellten Fotos. Lego-Club-Mitglieder können im animierten Online-Club-magazin stöbern und weitere Rätsel und Aufgaben lösen. Weltweit hat der Lego-Club übrigens 4,1 Millionen Mitglieder. Die Website ist also weit mehr als ein Verkaufsshop für die Produkte des Unternehmens – im Vordergrund steht die Einladung zu einer Fülle von Spielen, welche die Vielfalt der Lego-Produkte in Geschichten verpacken und so die Kundenbindung erhöhen. Nach den Krisenjahren zu Beginn des Jahrtausends ist Lego inzwischen wieder auf Erfolgskurs und verzeichnet Jahr für Jahr stattliche Umsatzzuwächse.[45]

---

[45]   Vgl. »Lego steckt mitten in einer Erfolgsgeschichte«, *Die Welt* vom 5. März 2010, im Internet unter www.welt.de oder »Lego feiert 80. Geburtstag: Stein für Stein zum Erfolg«, *Hessische/Niedersächsische Allgemeine* vom 7. Februar 2012, im Internet unter www.hna.de.

Auch andere Websites zu Produkten für Kinder setzen naturgemäß auf spielerische Momente, etwa die Seite von Ferrero für Schokobons (www.kinderschokobons.de), die mit kleinen Animationen für Spaß sorgt und so mit der Entdeckerfreude der Kinder korrespondiert. Auch Haribo lädt zum Spielen in die »Haribo City« ein (www.haribo.de), beispielsweise dazu, mit einem persönlichen Avatar in Bärchenform die Stadt zu erkunden. Verkauft werden hier Marke und Produkt über Spielmöglichkeiten. Und die Kinder, die mit solchen Angeboten aufwachsen, sind die Erwachsenen von morgen. Man muss kein Prophet sein, um vorauszusagen, dass die spielerische Kundenansprache kein vorübergehender Trend ist, sondern dass die Ansprüche an Spielangebote eher noch steigen werden. Langweilig war gestern!

Menschen lassen sich lieber durch Spiele verführen als durch sachliche Darstellungen. Für welche Zwecke könnten Sie ein Spiel einsetzen? Was könnte Ihre Zielgruppe begeistern? Und wie könnten Sie Ihr Spiel bekannt machen?

Strategie 3: Spiele als Bestandteil einer Social-Media-Strategie

Gelungene Spiele fordern dazu heraus, sich auszutauschen, in Wettstreit miteinander zu treten oder bei der Bewältigung von Aufgaben zusammenzuarbeiten. Das spricht dafür, Spiele in eine übergreifende Social-Media-Strategie einzubetten. Da Social Media Thema eines eigenen Kapitels sind, an dieser Stelle nur ein Beispiel für eine solche Aktion.

Das Kronkorken-Gewinnspiel

»Berlin, du bist so wunderbar!« lautete der Werbeslogan von Berliner Pilsner im Jahr 2012. Dazu gab es nicht nur einen Werbespot mit cooler Musik (dem gleichnamigen Song des Kreuzberger Musikers Robert Phillip alias Kaiserbase)[46], sondern auch ein Gewinnspiel. Jeder fünfte Kronkorken des Berliner Biers war innen mit einem Code bedruckt, der über die Website www.berlin-wunderbar.de bis Endes des Jahres in Prämien umgetauscht werden konnte. Mitmachen konnten nicht nur Einzelpersonen, sondern auch Vereine, die sich auf der Website registrierten. Auch bei Facebook konnten sich Teams zusammenschließen und in einer Sonderverlosung gemeinsam gewinnen. Die drei Gruppen mit den meisten Codes gewannen darüber hinaus Berliner Pilsner für ihre Party. Auf der Website fanden Berlin-Bewohner und Fans

---

[46] Vgl. http://www.youtube.com/watch?v=iBM3mjQtdjk

außerdem weitere Spiele rund um die Hauptstadt, etwa die Möglichkeit, sich als virtueller Taxifahrer zu versuchen und den Wagen möglichst schnell zu einem vom Fahrgast genannten Ziel zu steuern, ein Tresenquiz mit Fragen zu Berlin oder »Kronkorken-Schnippen« in einem Schrebergarten. Freche Kommentare – entsprechend der berüchtigten Berliner Schnauze – rundeten dabei das Lokalkolorit ab. Verzahnt wurde das Ganze mit Sponsoring-Aktionen bei Sport- und Kulturevents.[47]

Wie könnten Sie ein Spiel in Ihre Social-Media-Strategie integrieren, den Austausch unter Ihren Kunden und mit Ihrem Unternehmen fördern, Mundpropaganda anstoßen, virale Effekte erzielen und Fan-Zahlen erhöhen?

---

[47] Mehr zur Kampagne in der Zeitschrift *Horizont* (»Spot Premiere: Berliner Pilsner zeigt sich authentisch«), im Internet unter www.horizont.net/aktuell/marketing/pages/protected/Spot-Premiere- Berliner-Pilsner-zeigt-sich-authentisch_102565.html sowie unter www.gosub.de/project/Berliner+Pilsner+Codeaktion

Machen Sie Ihr Spiel!

Eine erfolgreiche Website ist mehr als ein Sprachrohr des Unternehmens. Ein wirkungsvoller Internetauftritt ist kundenzentriert und eröffnet im besten Fall einen Dialog mit dem Kunden.

Eine erfolgreiche Website begegnet Besuchern auf Augenhöhe und bietet ihnen konkreten Nutzen – Information ja, aber gern auf unterhaltsame Weise und in Verbindung mit Spiel & Spaß.

Spielerische Elemente sind hervorragend geeignet, um in Kontakt mit Kunden zu treten und Sympathie für ein Unternehmen und seine Produkte zu wecken.

Die Kunden, Käufer, User von heute wachsen zunehmend mit dem Internet und aufwendigen Spielmöglichkeiten auf. Sie erwarten eine eingängige Ansprache, hohen Unterhaltungswert und schnelles Erzähltempo. Sie finden sich intuitiv zurecht und benötigen selten ausführliche Einweisungen. Wer diese Zielgruppe erreichen will, muss sich auf ihre Ansprüche einstellen.

Spielerische Websites können

➤ einem umfassenden Story-Ansatz folgen und das Unternehmen in amüsanter Verkleidung präsentieren,

➤ den Besucher mit einzelnen Spielangeboten für sich gewinnen und ihn spielerisch informieren, motivieren, mit Angeboten und Produkten bekanntmachen oder unterhalten,

➤ Spiele als Bestandteil einer übergreifenden Social-Media-Strategie einsetzen und so den Dialog mit ihren Kunden intensivieren.

6.   Spielerische Werbung

Von Außerirdischen und Hunden auf Diät

Bei Volkswagen baut man grundsolide Autos, und das seit vielen Jahrzehnten. Nicht unbedingt wahrgewordene (Männer-)Träume auf vier Rädern wie bei der Tochter Porsche oder sportliche Statussymbole wie bei BMW, sondern eben massentaugliche, praktische Fahrzeuge. Und das Unternehmen dreht Werbespots, die Werbeprofis und Kunden gleichermaßen begeistern. Zu den beliebtesten Youtube-Videos gehört die Darth-Vader-Werbung, die bis zum Sommer 2012 knapp 54 Millionen Mal angeklickt worden war. Die Hauptrolle spielt hier nicht der beworbene VW Passat, sondern ein kleiner Junge im Darth-Vader-Kostüm (Sie wissen schon: der schwarze Bösewicht aus dem Film *Star Wars*). Der Mini-Darth Vader versucht zunehmend frustriert, seinem Vorbild entsprechend magische Kräfte spielen zu lassen. Doch weder Babypuppe noch Waschmaschine lassen sich zu einer Reaktion animieren, selbst der Haushund blinzelt nur müde. Als der Vater des Jungen nach Hause kommt, stürmt sein Sprössling an ihm vorbei und unternimmt einen letzten Versuch beim Familienauto. Und, oh Wunder: Nach einigen beschwörenden Signalen zwinkert ihm das Auto per Lichthupe tatsächlich zu. Papa hat vom Küchenfenster mit der Fernbedienung ein wenig nachgeholfen … [48]

Gedreht wurde der Spot für die Werbepause des Superbowls 2011, das Finale der US-amerikanischen National Football League, und damit der teuerste Werbeplatz der Welt. 30 Sekunden Werbezeit kosteten hier im Jahr 2012 satte 3,5 Millionen US-Dollar. [49] In diesem Jahr legte VW augenzwinkernd nach: Das Motto des Werbespots in Anspielung auf die fünfte Folge der *Star-Wars*-Trilogie (*The Empire Strikes Back*) heißt »The Dog Strikes Back«. Zu sehen ist der Hund aus dem ersten VW-Werbespot, der – dick und träge geworden – nicht mehr durch die Hundeklappe passt, um dem Wagen seines Herrchens hinterherzujagen. Nach einem melancholischen Blick in den Spiegel startet er ein Fitnessprogramm: Treppensteigen, Gewichte durch den Hausflur ziehen, Gymnastik mit dem Pezziball vor dem Fernseher, Schwimmen. Mit Erfolg: Einige Monate später sprintet der Vierbeiner elegant durch die Klappe, seinem Herrchen im roten VW-Beetle hinterher. Doch damit nicht genug: Die Werbemacher blenden abschließend in

---

[48]   Im Internet unter www.youtube.com/watch?v=R55e-uHQna0

[49]   Vgl. Christoph Giesen, »Die teuerste Werbung der Welt«, in: *Süddeutsche Zeitung* online vom 6. Februar 2012.

eine Star-Wars-Bar, in der eine bunt gemischte Truppe Außerirdischer den Werbespot gesehen hat und eine Diskussion entbrennt, was besser war: »Darth Vader« oder »The Dog Strikes Back«?[50] Die Auseinandersetzung wird jedoch ziemlich brachial vom dunklen Krieger selbst beendet ...

Volkswagen spielt in diesen Werbespots gleich in mehrfacher Hinsicht. Hauptfigur des ersten Spots ist ein Junge, der spielt. Sein Vater spielt genial mit und erlöst ihn von seinem Frust. Gleichzeitig wird humorvoll mit düsteren Motiven aus *Star Wars* gespielt – die pathetische Filmmusik, das unheimliche Kostüm, die beschwörenden Bewegungen, und all das im Einsatz bei Haushaltsgeräten oder Babypuppen. Der zweite Spot greift spielerisch Motive aus dem ersten auf: Den Hund kennen wir schon, und wie der Junge muss er sich ziemlich abmühen. Außerdem spielt der Werbefilm mit der Erwartung der Zuschauer. Als man glaubt, der witzige Film sei zu Ende, kommt mit der Weltraumbar eine zweite Pointe ins Spiel.

Anspielungen, Humor, dressierte Hunde, Weltraumbars, lustige Storys – vergleicht man die Volkswagen-Werbung mit Spots aus den Anfängen, hat man den Eindruck, in die Werbe-Steinzeit abzutauchen. In den Sechzigerjahren genügte es noch, einen VW-Käfer zu zeigen, der über eine Betonpiste rollte, und zu verkünden: »Er läuft und läuft und läuft ... « Kaum eine Disziplin rund ums Verkaufen hat das Spielen so früh und so umfassend entdeckt wie die Werbung. Im Folgenden einige Gründe dafür und ein Streifzug durch die spielerische Werbewelt.

Spielerische Töne im täglichen Werbe-Bombardement

Nirgendwo ist der potenzielle Kunde heute vor Werbebotschaften sicher. Rund 5.000 pro Tag sollen es in den Industrienationen sein, glaubt Marketingexperte Martin Lindstrom (siehe Kapitel 1). Kein Wunder, dass immer mehr Menschen sich abschotten, weg-

---

[50] The Dog Strikes Back ist übrigens eine Anspielung auf den Star-Wars-Titel *The Empire Strikes Back.*

zappen, weghören, wegschauen oder einfach vor der Fülle der Reize kapitulieren und nur noch einen Bruchteil des Werbe-Trommelfeuers überhaupt wahrnehmen. »Nur Werbung« ist im alltäglichen Sprachgebrauch gleichbedeutend mit »unwichtig«, »nicht ernst zu nehmen« oder sogar »irreführend und unglaubwürdig«. Wie reagiert die Werbeindustrie darauf? Ganz einfach: mit noch mehr Werbung! Laut Nielsen, einem internationalen Marktforschungsunternehmen, sind 2011 die Werbeausgaben wiederum um sieben Prozent gegenüber dem Vorjahr gestiegen – und das trotz Wirtschaftskrise. Insgesamt wurden weltweit 498 Milliarden US-Dollar für Werbung ausgegeben. Das entspricht gut 406 Milliarden Euro und damit dem 1,3-Fachen des deutschen oder dem 7,7-Fachen des Schweizer Bundeshaushalts.[51] René Eugster, »Captain« und kreativer Kopf der im letzten Kapitel vorgestellten Agentur am Flughafen, stellt dazu in einem Papier unter dem Titel »Spiel – Spaß – Kauf« fest: »Die wenigsten Menschen lassen sich zu ihrem (Kauf-)Glück zwingen. Schon gar nicht mittels Werbung. Warum dies doch immer wieder versucht wird, bleibt uns Profis ein Rätsel. Sind doch Printmedien, TV-Werbeblöcke oder Briefkästen voll von plumpem Werbeanmachen, die auch heute noch aussehen wie Kampagnen aus den 60ern des letzten Jahrhunderts«. Eugster betont weiter: »Der kaufende Mensch sucht nach Interaktion oder – wie wir Werber das nennen – nach Involvement mit einer Marke.« Wer auf mehr oder weniger gekonnte Weise verspricht, dass sein Waschmittel noch weißer wäscht oder sein Joghurt noch cremiger schmeckt als jemals zuvor, erreicht dieses »Involvement« wohl kaum.

Statt immer schriller um die Aufmerksamkeit der Kunden zu buhlen, spricht viel dafür, die Spielregeln zu ändern. Eine mögliche Lösung: Verführung zum Spiel statt plumpe Überredung zum Kauf; Spaß statt Langeweile; unterhaltsame Überraschung statt vorsehbarer Hochglanzwelt. Das ist keinesfalls so neu, wie es auf den ersten Blick scheint. Die lila Kuh des Schokoladenherstellers Suchard (heute Kraft Foods) feierte 2012 ihren vierzigsten Geburtstag; die Werbefigur »Lurchi«, ein stets in tadellos geputzten Schuhen auftretender Salamander, mit dessen gereimten und bebilderten Abenteuern der gleichnamige Schuhhersteller seit Generationen kleine und große Kunden fesselt, wurde im selben Jahr pensionsreife 75.[52] 1937 erweckte Salamander sein Logo zum Leben, damit Kinder etwas zu lesen hatten, während ihre Eltern Schuhe anprobierten. Inzwischen liegen fast 150 Hefte mit Geschichten um Lurchi, Igelmann, Unkerich und Mäusepiep vor und werben für Lurchi-Kinderschuhe.[53] Für viele Erwachsene ist Lurchi Kult und beschwört ähnlich wie Storck-Riesen oder Ahoi-Brause Kindheitserinnerungen herauf.

---

[51] Vgl. http://nielsen.com/de/de/insights/presseseite/2012/nielsen-weltweite-werbeausgaben-steigerten-sich-in-2011-um-7-komma-3-prozent.html

[52] Vgl. www.milka.de > Marke > Geschichte und den Wikipedia-Artikel »Lurchi«

[53] Vgl. www.lurchi.de > Lurchi Hefte

In der Schweiz verzeichnet »Papa Moll« eine ähnliche Erfolgsgeschichte. Der tollpatschige Familienvater erlebt seit den Fünfzigerjahren mit Mama Moll und den Kindern Evi, Fritz und Willy lustige Abenteuer. Papa-Moll-Hefte wurden in Drogerien, Apotheken und anderen Fachgeschäften an Kinder verteilt. Bad Zurzach hat Papa Moll wieder aufleben lassen, ein passendes Papa-Moll-Heft initiiert (»Papa Moll geht baden«) und plant weitere Events rund um die sympathische Figur.[54]

Mit dem Guerilla-Marketing nahmen spielerische Ansätze in der Werbung seit den Achtzigerjahren Fahrt auf (siehe Kapitel 1). Guerilla-Marketing ist heute ein Sammelbegriff für unterschiedlichste Werbeaktionen, die eines gemeinsam haben: Im Mittelpunkt der Aktion steht nicht das Produkt selbst, dessen Vorzüge verbal gelobt oder optisch ins rechte Licht gerückt werden, sondern eine witzige oder überraschende Aktion, die die Menschen verblüffen, amüsieren, unterhalten und möglichst zum Weitererzählen animieren soll. Häufig wird dabei mit Wahrnehmungsgewohnheiten, Erwartungen oder auch Werbekonventionen gespielt, beispielsweise

➤ wenn die Raiffeisenbank in St. Gallen einen zentralen Platz von der Künstlerin Pipilotti Rist mit einem riesigen roten Teppich verkleiden lässt und sich so indirekt und dauerhaft ins Gespräch bringt.[55]

➤ der Autohersteller Toyota für seinen Kleinwagen IQ wirbt, indem er eine »IQ-Street-View«-Aktion startet, bei welcher der Miniflitzer Straßen in Belgien filmt, die für das Google Car zu schmal sind. Kunden, die an einer solchen engen Gasse wohnten, waren aufgerufen, sich zu melden. Videos der Aktion begleiteten die Kampagne.[56]

➤ wenn eine Werbeagentur einen Brunnen in der Züricher Innenstadt mit vielen Kilos Eis füllt und zu einem überdimensionalen Kühler für Yootea-Eistee umfunktioniert, aus dem sich Passanten in der morgendlichen Rush Hour bedienen können.[57]

➤ wenn der Rhetorik-Trainer Matthias Pöhm eine Anti-Powerpoint-Partei gründet und mit dieser satirischen Aktion indirekt auf seine Trainingsangebote aufmerksam macht.[58]

---

[54] Vgl. www.papamoll-land.ch/angebot.htm
[55] Fotos unter http://architektur.mapolismagazin.com/carlos-martinez-stadtlounge-st-gallen-st-gallen
[56] Quelle: www.onetoone.de/fischersarchiv/agenturen/artikel.php?Artikel=Happiness- Brussels-ahmt-mit-Toyota-Street-View-nach-21975
[57] Meldung und Video unter www.persoenlich.com/news/show_news.cfm?newsid=102490
[58] Vgl. www.anti-powerpoint-party.com/de

> wenn der Bekleidungshersteller Mammut seine Outdoor-Marke ins Gespräch bringt, indem er die Geschichte einer älteren Dame namens Mary Woodbridge lanciert, die im stolzen Alter von 85 angeblich den Mount Everest besteigen will. Mammut löste damit einen Presse-Hype mit mehr als 250 Berichten weltweit aus, der nach der Entlarvung der Geschichte noch einmal anschwoll und den Bekanntheitsgrad der Marke erheblich steigerte.[59]

Wie Sie sehen, sind die Guerilla-Ideen bunt und vielfältig und schwer zu systematisieren. Allen gemeinsam ist das Moment des Ungewöhnlichen, des Unvorhersehbaren und die stärkere Einbeziehung des Kunden, der mitmachen, ausprobieren oder zumindest amüsiert bis verblüfft weitererzählen soll. Auch die Grenzziehung zwischen Guerilla-Marketing und spielerischer Werbung ist eine eher akademische Frage. Sichere Rezepte gibt es in beiden Bereichen kaum. Die folgende Übersicht spielerischer Werbung, die Beispiele erneut nach verschiedenen Strategien gruppiert, ist also weder vollständig noch allgemeingültig. Wenn sie aber Ihre Fantasie zum Tanzen bringt, hat sie definitiv ihren Zweck erfüllt!

Käufer amüsieren: Werbung mit Pfiff

Sie müssen nicht gleich Millionen investieren und anspielungsreiche Werbefilme drehen lassen wie etwa Volkswagen. Auch mit kleinerem Budget können Sie Kunden spielerisch bezaubern.

Strategie 1: Sprachspiele und Anspielungen

Auch wenn man es angesichts der globalen Werbeaufrüstung kaum glauben mag – pointierte Sprache bleibt ein wirkungsvolles Werbeinstrument für große und kleine Unternehmen. Ein gelungenes Wortspiel schafft Involvement beim Kunden, der mitdenken muss, um mitschmunzeln zu können, und nicht einfach berieselt wird.

---

[59]   Vgl. www.mary-woodbridge.co.uk/mammut/slideshow_de.swf

Wendesätze

»Das Leben ist voller Wendungen. Unsere Vorsorge passt sich an«, warb die Versicherungsgesellschaft Swiss Life in einer preisgekrönten Textkampagne. Die unvorhersehbaren Wendungen des Lebens setzte die Versicherung wirkungsvoll in »Wendesätze« um:

Es läuft	Ich werde	Ich spare
hervorragend	niemals	**für eine**
in der Firma	**heiraten**	**Weltreise**
haben wir jetzt	wir in der	ist auch später
Kurzarbeit	Kirche?	noch Zeit.

Kunden konnten in einem Wettbewerb eigene Wendesätze dichten und schickten zahlreiche Beiträge ein, die Swiss Life im Internet dokumentiert. Über 6.000 Kunden spielten mit.[60]

Denglisch mal anders

»We kehr for you!«, versprach die Berliner Stadtreinigung in einer Plakatkampagne in Knallorange – und tat damit sicherlich viel für ein sympathischeres Image. Die Plakate setzten auf humorvolle Wortspiele und zeigten in der Regel freundliche Müllwerker mit Slogans wie »Drei Wetter tough«, »Bemannte Raumfahrt«, »Fleiß am Stiel« oder »Dosenkavalier«. Wenn Sie neugierig geworden sind, was für Fotomotive sich dahinter verbergen: Auf der BSR-Seite (www.bsr.de) gibt es eine Dokumentation.

---

[60]   Vgl. www.persoenlich.com/news/show_news.cfm?newsid=96909

Wer andern eine Bratwurst brät …

… hat selbst ein Bratwurst-Bratgerät«, ließ Metzgermeister Thomas Eigenmann aus dem Schweizerischen Fällanden die Schweizer Agentur Kraftkom dichten und groß auf knallroten Plakaten verkünden. Grundprinzip hier: Die spielerische Abwandlung von bekannten Sprichwörtern und Redensarten (»Zusammen isst man stark«) oder die witzige Kombination von Redensart und Foto, etwa wenn der alte Spruch »Alles hat ein Ende nur die Wurst hat zwei« durch die Abbildung einer Wurstschnecke konterkariert wird.[61]

Wort- und Sprachspiele kosten nur eines: Fantasie. Wie können Sie Ihre Kunden auf witzige Weise auf sich aufmerksam machen?

Strategie 2: Markenspiele

Wer Kunden zum Spielen bringt, sammelt Sympathiepunkte und bleibt positiv im Gedächtnis, so eine plausible Überlegung. Migros und seine Nanos, die Kinder zum Spielen und Ältere zu Videos inspirierten, waren im ersten Kapitel bereits Thema. Auch andere Unternehmen setzen auf diese Strategie und nutzen dabei bekannte Spiele.

Dominofieber

Pünktlich zum Kinostart von *Ice Age 4 – Voll verschoben* und passend zum Filmtitel brachte die Supermarktkette Real im Sommer 2012 ein Dominospiel heraus, bei dem statt der Augen kleine Eicheln auf den Spielsteinen sind. Running Gag in allen *Ice-Age*-Filmen ist ein »Säbelzahn-Eichhörnchen« namens Scrat, das mit hysterischem Eifer und ohne nennenswerten Erfolg einer Riesen-Eichel hinterherjagt. Auf der Rückseite der Steine sind die Darsteller der Zeichentrickkomödie abgebildet: Faultier Sid, Säbelzahntiger Diego, Mammut Manny und der übrige bunte Eiszeit-Zoo. Auf der Vorderseite trennt das Real-Logo die beiden Steinhälften.

---

[61]   Vgl. www.werbewoche.ch/kraftkom-fuer-metzgerei-eigenmann-sprueche-klopfen- erlaubt.

Für 15 Euro Einkauf gab es einen Dominostein; einen Stoffbeutel gab es für 99 Cent, einen Sammelkoffer mit Filmposter für 2,99 Euro zu kaufen. Jokersteine heizten das Sammelfieber an, Videos und Online-Spiele (Eiswürfelschieben mit Scrat) komplettierten die Aktion.[62]

Monopoly, Memory & Co.

Das Brettspiel Monopoly kennt fast jeder. Der Spielehersteller Winning Moves produziert Firmenversionen für dieses und andere Spiele. So gibt es bereits Monopoly-Spiele für Vodafone, Sharp Solar, die Bietigheimer Wohnbau und zahlreiche Fußballvereine von Borussia Dortmund bis zum Erzrivalen FC Bayern München. Der Witz entsteht dadurch, dass die bekannte Monopoly-Welt mit Unternehmensinfos umgesetzt wird: Jedes Spiel sieht aus wie ein klassisches Monopoly, birgt aber eine Fülle witziger Details. Die Fußballclubs verkaufen die Spiele sehr erfolgreich in ihren Fan-Shops, andere Unternehmen nutzen sie als Mitarbeiter-, Kunden- oder Werbegeschenk. Außer Monopoly sind das Würfelspiel »Schweinerei« sowie unternehmensbezogene Quartettspiele als sympathische Werbeträger bei Winning Moves im Angebot. [63]

Auch andere Anbieter fertigen Unternehmensspiele. Bei Ilsespiel sind beispielsweise auch Memorys, Puzzles, Skatspiele oder Quizspiele mit firmenbezogenen Motiven im Angebot. [64] Natürlich lässt sich manches davon auch online umsetzen. Der Schweizer Online-Händler Ricardo macht es vor, indem er Kunden im Internet zum Memory-Spielen aufruft und dieses Spiel saisonal abwandelt, etwa mit einem Memory zur Fußball-WM oder Garten-*Memory* zur Grillsaison. Im Zeitalter der Smartphones und Tablet-PCs sind solche Spiele schnell verfügbar.[65]

Ein Quiz um Firmeninhalte, ein Memory mit unternehmensbezogenen Motiven, ein Monopoly an den Standorten Ihrer Firma – was könnte Ihre Kunden begeistern?

---

62 Vgl. www.real.de/dominofieber?adword=google/Dominofieber-Search/Domino-Fever&kw=domino%20fever
63 Vgl. http://winningmoves.de/626-b2b-marketing.html
64 http://islespiel.de/
65 Zum Beispiel die App Open-Air-Memory 2012 von www.ricardo.ch

Strategie 3: Frechheit siegt!

Spotten, lästern oder einem Großen der Branche gegen das Schienbein treten – manche Werbung ist so frech, dass man einfach schmunzeln muss.

Was ist blau und günstiger als die Telekom?

Diese freche Frage bebilderte Mobilfunkanbieter O2 mit einem Waschbären, der das Telekom-Magenta mit einer Spraydose in der Pfote in strahlendes O2-Blau verwandelte – ein peppiges Plakatmotiv in Anspielung auf das beliebe Kinderspiel »Ich sehe was, was du nicht siehst!« Seit 2000 ist gemäß einer EU-Richtlinie vergleichende Werbung auch in Deutschland erlaubt, und manche Unternehmen nutzen das sehr kreativ. »Wohnst du schon oder schraubst du noch?«, fragte beispielsweise ein Süddeutscher Möbelhändler vor Jahren in einer Zeitungsanzeige. Die war zwar nur einmal möglich, weil Ikea sofort seine Juristen in Marsch setzte, hatte aber ein gigantische Echo bei Presse und Publikum. »Sixt hat Autos mit Klimaanlage«, ließ der Autovermieter während des Klimaanlagendesasters bei der Deutschen Bahn wissen, unterlegt mit einem Bahnhofsfoto und dem Ratschlag »Einen kühlen Kopf bewahren! Bei Sixt buchen statt über die Bahn fluchen«. »Bei uns gibt's die Tagesthemen schon zum Frühstück«, zeigte das Boulevard-Blatt *Bild* dem Nachrichtenmagazin *Tagesthemen* eine lange Nase.

Dürfen die das eigentlich?!

Sixt spielt in seinen Plakat- und Anzeigenkampagnen regelmäßig Prominenten Streiche. Unvergessen ist Angela Merkel mit wilder Sturmfrisur und der Frage: »Lust auf eine neue Frisur? Mieten Sie sich ein Cabrio.« Dabei beweist der Autovermieter ein sicheres Gespür für Timing. Während lange Zeit die Frage, ob die Bundeskanzlerin nicht mehr aus sich machen könne, deutsche Gemüter bewegte, wird sie in der Euro-Krise von vielen Bürgern als Fels in der Brandung wahrgenommen. Eine Veralberung wäre da wohl riskant. Dafür bekommt Ex-Bundespräsident Wulff sein Fett weg, mit dem Hinweis: »Spaß kann man auch ohne reiche Freunde haben! Mit einem Mietwagen von Sixt – auch in Hannover.« Mit kessen Andeutungen macht der Autovermieter die Leser zu Komplizen, bezieht sie direkt ein und erreicht so vermutlich mehr als durch jede Inszenierung direkter Angebotsvorzüge. Die Frage »Dienstwagen geklaut? Sixt-Leasing hat neue!« unter einem Foto der betreten dreinschauenden Gesundheitsministerin Ulla Schmidt versteht nur, wer die Hintergründe kennt, nämlich dass hier jemand Chauffeur und Dienstwagen ins 2.400 Kilometer entfernte Spanien beorderte, weil dort während des Urlaubs einige dienstliche Termine wahrzunehmen waren. Ob Sixt das darf? Wie dem auch sei, der Autovermieter tut es einfach – und jede Beschwerde würde seinen Kampagnen nur noch mehr Aufmerksamkeit bescheren.

Wie wäre es, Ihre Kunden durch Frechheit zu verblüffen? Passt das zu Ihrem Unternehmen und zu Ihnen? Tipp: Testen Sie an einer ausgewählten Gruppe vorher, ob der Witz aufgeht.

Strategie 4: Aufsehenerregende Werbeträger

Dass Feuerzeuge, Flaschenöffner, Bierdeckel, Einkaufstaschen, Kugelschreiber oder Schlüsselbänder als Werbeträger eingesetzt werden, daran haben wir uns gewöhnt. Nehmen wir überhaupt noch wahr, was da beworben wird? Anders sieht es aus, wenn Produkte überraschend in Szene gesetzt werden.

Schokogiganten und Goldbären-Ferienflieger

2011 überraschte der Schokoladenhersteller Ritter Sport (»Quadratisch. Praktisch. Gut.«) Bahnreisende in Köln und Frankfurt mit einer überdimensionalen Schokotreppe. Aufkleber in den Regenbogenfarben der verschiedenen Geschmacksrichtungen an der Frontseite der Treppenstufen vermittelten den Eindruck eines gigantischen Schokoladen-Stapels.[66] Der Hersteller Toblerone setzte noch eins drauf und dekorierte die Mittelstation der Sesselbahn in Arosa mit der größten Toblerone der Welt: 34 Meter lang und 4,5 Meter hoch.[67] Beide Unternehmen spielen mit Wahrnehmungsgewohnheiten und lösen durch die Gigantomanie Verblüffung aus.

Einen ähnlichen Überraschungseffekt erzielt Gummibärchen-Spezialist Haribo mit seinem Goldbären-Flugzeug, einer golden lackierten Maschine des Ferienfliegers TuiFly mit grüßendem Bären am Heck.[68] Auch eine blaue Bären-Maschine hebt inzwischen von verschiedenen Flughäfen ab. Zweiter Schmunzler: die lautmalerische Aufschrift »HaribAIR« auf den Maschinen.

---

66   Foto unter www.ritter-sport.de/blog/2011/02/09/neue-bahnhofsplakatkampagne-motive- bewerten-motive-gewinnen/

67   Foto unter www.plakativ-magazin.de (Ausgabe 5/2011 »Out-of-Home-Werbung Europa«).

68   Foto zum Beispiel unter www.flugzeugbild.de

Gewichte in der U-Bahn

Sollte Ihr Marketingbudget nicht für eine Flugzeuglackierung reichen: Es geht auch eine Nummer kleiner. Die Fitness Company montierte einfach Gewichte an Haltestangen in der U-Bahn, sodass der Eindruck entstand, derjenige, der sich dort festhielt, würde lässig viele Kilos stemmen. Das Fitness-Studio provozierte so zahllose Handyfotos, auf denen der Werbeschriftzug des Unternehmens zwangsläufig deutlich sichtbar war.[69]

Wenn Sie einmal alle üblichen Werbeträger ausblenden: Fällt Ihnen eine witzige oder überraschende Alternative ein?

Strategie 5: Interaktive Werbemittel

Besonders überzeugend finde ich Werbemittel, mit denen der Kunde selbst spielerisch umgehen muss. Ich bin überzeugt, dass sich die Werbebotschaft bei jedem, der mitspielt, unweigerlich ins Langzeitgedächtnis schleicht. Zwei Beispiele:

Drücken und entdecken!

Anlässlich der zehnten Berner Museumsnacht warb das Freizeit- und Einkaufscenter Bern mit einem kleinen Päckchen, das in der Stadt an Passanten verteilt wurde. Wer der Aufschrift »Drücken und entdecken« nachkam, brachte das unauffällige Give-away zum Leuchten. Im Innern befand sich eine Mini-Taschenlampe. In Gegenlicht war eine versteckte Botschaft zu lesen: »Werfen Sie einen Blick hinter unsere Kulissen.« Auf diese Weise lud man verspielt und originell zu Führungen durch das Center ein, das der weltbekannte Architekt Daniel Liebeskind gebaut hat. Auf der Verpackung waren Termine abgedruckt, und die Taschenlampe ließ sich für den weiteren Gebrauch herausnehmen und als Schlüsselanhänger nutzen.[70]

---

[69]   Scherer, *Jenseits von Mittelmaß*, S. 173.
[70]   Fotos unter www.republica.ch/downloads/MM_Westside_Museumsnacht_2012.pdf

 ***Sich selbst auflösendes Textmailing***
2010 warb der Schweizer Textilverband mit einem ungewöhnlichen Werbebrief um Nachwuchs. Zum Beweis, dass die Branche gleichermaßen »innovativ« und »nachhaltig« sei, forderte man die Empfänger auf, einen Abschnitt des Mailings in lauwarmes Wasser zu legen. Übrig blieb nach einer Minute ein Schlüsselanhänger mit der Webadresse des Verbands www.TextilLehre.ch. Wer sich davon begeistern ließ, konnte mittels Formular Informationen zu verschiedenen Ausbildungsberufen anfordern. Realisiert wurde das Mailing von der Agentur am Flughafen, auf deren Website man eine ausführliche Dokumentation findet.[71]

Wie könnte ein Werbemittel aussehen, das vom Empfänger erst zum Leben erweckt werden muss? Das beginnt beispielsweise schon beim Samentütchen für Pflanzen, die in Beziehung zum Produkt oder Unternehmen stehen.

Strategie 5: Eine lustige Geschichte erzählen

Volkswagen spielt sich mit einer anrührend-witzigen Darth-Vader-Parodie in die Herzen der Zuschauer, wie eingangs geschildert. Das Produkt spielt eher eine Nebenrolle. Die Hoffnung ist, dass mit dem Lachen die Sympathie für die Marke wächst. Für diese Strategie gibt es zahlreiche Beispiele. Besonders gelungen sind aus meiner Sicht die Spots für Nespresso und Budweiser.

 ***Göttliche Herausforderungen für George Clooney***
Mit den Alukapseln mit vorportioniertem Kaffee hat Nestlé eine unglaubliche Erfolgsstory geschrieben. Dazu gehört ein Marketing, das den vergleichsweise teuren Kaffee als besonders edel erscheinen lässt (Nespresso-»Boutiquen« oder exklusiver Bezug über das Internet, edles Styling, die Bezeichnung der Geschmacksrichtungen als »Grand Crus«). Ein Teil des Umsatzes geht sicherlich

---

[71]   www.agenturamflughafen.com > Business Class > Textilverband Schweiz

auf die genialen Werbespots mit Markenbotschafter und Frauenschwarm George Clooney zurück: Clooney muss im Himmel um eine Galgenfrist feilschen, nachdem ihm ein Klavier auf den Kopf gefallen ist. Gegen Ablieferung seiner Nespresso-Maschine an Gottvater (dargestellt von John Malkovich) darf er zurück auf die Erde.[72] Oder: Clooneys Ego erhält einen kleinen Schlag, als sein weibliches Gegenüber ihn bei Austausch vertauschter Koffer spöttisch als »Mister Decaffeinato« tituliert (»I thought, you were much more … ristretto!«). Oder: Clooney langweilt sich im Himmel, eingerahmt von weißgekleideten Model-Engeln und dem lieben Gott. Denn hier wird weder gegessen noch geschlafen noch werden Filme gedreht. Allerdings gibt es auch keine Produzenten und Manager – schließlich ist man im Himmel! Geschickt wird mit dem Clooney-Image, naiven Himmelsvorstellungen und der Filmindustrie gespielt.

Augenzwinkern ist Ehrensache

Die Brauerei Budweiser ist bekannt für witzige Werbespots. Gerne parodiert man Szenen bekannter Blockbuster, etwa den Showdown im Saloon in »Budweiser: The Great Preparation«, bei dem vor dem inneren Auge des positiven Helden alle möglichen anderen Filmparodien vorbeiziehen. In »Bud Light – Product Placement Hilarious« (also »gräßliches Product Placement«) werden nicht nur die Fechtszenen aus diversen »Drei-Musketiere«-Filmen parodiert, sondern die Werbeindustrie selbst durch penetrantes Product Placement. Der Kampf findet in einer Bud-Kneipe mit entsprechender Reklame statt, der Musketier schlägt den Unhold, der die adelige Lady im Griff hat, mit einer Bud-Light-Flasche k. o. et cetera.[73] Unvergessen auch der Wettstreit zwischen zwei Hundebesitzern, bei dem eine kleine Promenadenmischung den ach so klugen Border Collie, der Bud apportiert, ziemlich alt aussehen lässt. Der lässt sich kaum jugendfrei erzählen – falls Sie ihn nicht kennen, suchen Sie ihn auf Youtube.[74]

---

[72] Alle Nespresso-Spots finden Sie auf Youtube unter Stichworten wie »Nespressp What else? Die Verhandlung«, »Nespresso – Mr Decaffeinato«, »Nespresso – Das Sofa mit George Clooney und John Malkovich«.

[73] Vgl. http://www.youtube.com/watch?v=eIL1fUiZUpo

[74] Unter dem Stichwort »Bud light – Wassup dogs« oder www.youtube.com/watch?v=k8332zMdf2o

Die Welt der Werbung ist heute voller humorvoll-spielerischer Spots – die Migros-Geschichten rund um Huhn Chocolate wurden schon im ersten Kapitel erwähnt. Andere Spots parodierten die zuckrige Heidi-Alpenwelt, etwa wenn Heidi trickreich verhindert, dass sie dem Geissenpeter etwas von ihren leckeren Broten abgeben muss.[75] Appenzeller-Käse entwickelte eine Reihe von Geschichten um das »Geheimrezept« mit Schauspieler Uwe Ochsenknecht in der Hauptrolle.[76] Swiss Life setzte die Wendesatz-Kampagne auch filmisch um, nach dem Muster »Was wäre passiert, wenn …?«, und erzählt dabei dieselbe Geschichte mit unterschiedlichem Ausgang.[77] Es gibt unzählige solcher Beispiele. Ein Lächeln ist die kürzeste Verbindung zwischen zwei Menschen, heißt es ja. Vielleicht ist spielerischer Humor eine der schnellsten Verbindungen zum Kundenherzen?

Können Sie eine fesselnde Geschichte erzählen, um Kundenherzen zu gewinnen?

Strategie 6: Alltagsroutinen spielerisch abwandeln

Wenn das Gewohnte und Vorhersehbare spielerisch abgewandelt wird, bestehen gute Chancen, Kunden zum Hinhören oder Hinsehen zu motivieren.

Rückruf für alle Autos mit vier Rädern
Rückrufaktionen sind normalerweise für Unternehmen unerfreulich und teuer. Die Kunden hören naturgemäß genau hin und prüfen, ob sie betroffen sind. Daraus entwickelte die Agentur Publicis eine provozierende Kampagne für Renault und rief in Radiospots »alle Audi mit vier Ringen, alle Ford mit einem Lenkrad, alle Mercedes mit einem Stern, alle Opel mit vier Rädern, alle Peugeot mit Blinker, alle VW mit Rückwärtsgang …« und viele andere Konkurrenzprodukte zurück, wenn sie älter als sechs Jahre waren. Ziemlich frech bot man 3.000 Schweizer Franken »Schrottprämie«. Plakate und Anzeigen trugen die Botschaft ebenfalls weiter.[78]

75 Vgl. www.werbewoche.ch/advico-yr-mit-heidi-und-geissenpeter-in-den-schweizer-bergen
76 Zum Beispiel www.youtube.com/watch?v=mDr7EAzaMF4&feature=relmfu
77 Vgl. http://wendepunkte.swisslife.ch/wendemomente/de/tv_spot.php
78 Abbildungen und Links zu den Radiospots unter www.persoenlich.com/news/show_news.cfm?newsid=102895

Schadensskizzen aus dem Leben gegriffen

Angeregt durch Skizzen mehr oder weniger zeichnerisch begabter Kunden sorgte die Schweizer Versicherungsgesellschaft Mobiliar mit lustigen Schadensskizzen für Aufsehen. Freihändig auf Karopapier in einfachen Strichen werden die Kalamitäten des Alltags, die zu Versicherungsschäden führen, zu humorvollen Alltagsgeschichten. Eine einzige Szene spricht hier Bände: Ein Kind hat das Festnetztelefon durch Kappen der Schnur flugs zum Handy umgerüstet; Rotlichtmilieu und Rotlichtampel führen zum Auffahrunfall; eine Elefantenherde ist angeblich über Handy, Brille und iPod getrampelt. Unter dem Slogan »Was immer kommt. Wir helfen Ihnen rasch und unkompliziert aus der Patsche« ist die Kampagne ein echter Hingucker und Sympathieträger. Die Skizzen sind so beliebt, dass man sie auf der Unternehmenswebsite als Broschüre ordern, als E-Card verschicken und die aktuellen Werke dort anschauen kann.[79]

Wie könnten Sie auf witzige Weise gegen Branchenkonventionen verstoßen? Auch hier gilt: Vorher am besten an kleinen Gruppen die Reaktion testen!

Strategie 7: Etwas Verrücktes tun

Zugegeben, für eine echte Strategie ist dieser Rat etwas pauschal. Aber Regeln für Verrücktheiten aufstellen zu wollen, wäre wohl ein Paradoxon. Ich belasse es daher bei Anregungen.

Die schnellste Weihnachtskarte der Welt

»Man nehme den neuen 560 PS starken BMW M5, eine Rennstrecke, einige Buntstifte, ein Blankopapier, einen BMW-Werksfahrer und einen namhaften Illustrator. Heraus kommt? Richtig – die schnellste Weihnachtskarte der Welt«, fasste das Magazin *Classic Driver* diese Aktion zusammen. Daraus wurde zu Weihnachten 2011 ein Werbespot produziert, der mit viel Pathos dokumentiert, was heraus-

---

[79] Vgl. www.mobi.ch/mobiliar/live/die-mobiliar/werbung/Schadensskizzen_de.html

kommt, wenn man in einem herumschleudernden Sportwagen zum Zeichenstift greift. Ziemlich abstrakt (das Motiv), aber auch ziemlich beeindruckend (das Auto).[80] Für diese abgefahrene Idee gab es den Bronze-Löwen beim Werbefestival in Cannes (und bis August 2012 fast 300.000 Google-Einträge).

Nagende Biber in der Straßenbahn

Als Sponsor des Züricher Zoos ließ die Mobiliar Versicherung eine Trambahn mit Zootieren im Stil der Schadensskizzen bemalen (siehe Strategie 6) – allerdings nicht ohne Hintersinn und Humor. Und so ragt aus dem Papierkorb nun der Schwanz eines mysteriösen Tiers, verbunden mit dem Warnhinweis »blinder Passagier«; an der Gelenkscheibe zwischen zwei Wagen sägt ein Sägefisch; unter einem angenagten Holzsitz hockt ein Biber als »Liebhaber« dieses Materials. Außen zieht unter anderem eine gefräßige Riesenschlange die Blicke auf sich, die in ihrem mehrfach ausgebeulten Körper verschiedene liebgewonnene Gegenstände verbirgt. Parallel wurden in Zürich Schadensskizzen mit lokalem Bezug plakatiert.[81]

> Zeit für ein Brainstorming ohne Denkverbote: Was wäre so verrückt, dass Sie es »eigentlich« nicht tun sollten?

All das ist mit ziemlicher Sicherheit nur ein Bruchteil möglicher Ideen für spielerische Werbung. Spiel und Werbung passen einfach zu gut zusammen, um nicht ständig neue Hingucker zu produzieren. Manchmal muss man sich nur trauen. Erfolgsprognosen sind dabei auch für Werbefachleute schwierig – gäbe es todsichere Erfolgsrezepte, wäre das ein Millionen-Dollar-Geheimnis. Wer erfolgreich spielen will, betritt Neuland und geht zwangsläufig Risiken ein. Dieses Dilemma bringt Heinz Vögeli, Vizedirektor der Verkehrsbetriebe Zürich und verantwortlich für deren spielerische Kampagnen, auf den Punkt. Auf der einen Seite gelte: »Wenn man Wirkung erzielen will, funktioniert das am besten durch Verfremdung der gelernten Bilder. Allerdings ist es schwierig, die

---

[80] Vgl. www.classicdriver.de/de/magazine/3300.asp?id=7110 oder unter www.youtube.com/watch?v=Hnq6VnRxUK8
[81] Vgl. www.werbewoche.ch/wirz-schadensskizzentrams-in-zuerich-und-genf-realisiert; dort auch Fotos.

richtige Dosierung der Verfremdung zu finden. Ist der Weg zu weit, erreicht man das Ziel nicht.« Auf der anderen Seite lautet sein Rat: »Keine Marktforschung! Die ist des Teufels – zumindest für eine pointierte Kampagne. Damit ermittelt man nur den Durchschnittsgeschmack.«

Machen Sie Ihr Spiel!

Konventionelle Werbung läuft Gefahr, in der täglichen Flut von Anzeigen und Spots unterzugehen. Wer die Aufmerksamkeit potenzieller Kunden gewinnen will, muss die Spielregeln ändern.

In der Werbung wird – zum Teil mit großem Erfolg – schon seit Jahrzehnten gespielt. Neben den Kampagnen des Guerilla-Marketing sind hier Werbefiguren wie die Milka-Kuh, der Lurchi-Salamander oder Papa Moll zu nennen.

Aufmerksamkeit versprechen Werbekonzepte, die neu und ungewöhnlich sind. Das bedeutet aber auch: Wer spielerisch wirbt, sollte bereit sein, Neuland zu betreten.

Spielerische Werbestrategien auf einen Blick:

➤ Sprachspiele und Anspielungen,

➤ Markenspiele,

➤ freche Provokationen,

➤ ungewöhnliche Werbeträger,

➤ interaktive Werbemittel,

➤ lustige Geschichten,

➤ Routinen und Konventionen fantasievoll abwandeln,

➤ verrückte Ideen.

7.   Spielerische Social-Media-Kampagnen

Wie ein Filzstift das Netz erobert

1960 gründeten Carl-Wilhelm Edding und Volker Detlef Ledermann in Hamburg mit 500 D-Mark Startkapital ein Unternehmen. Heute ist Edding eine weltweit agierende Aktiengesellschaft. Man vertreibt dicke und dünne Filzstifte in 70 Ländern der Erde, mit Niederlassungen von Argentinien bis Japan. Und man sei stolz darauf, dass der Familienname Edding »das Synoym für Marker schlechthin« geworden ist, heißt es auf der Internetseite www.edding.com. Zum fünfzigjährigen Firmenjubiläum zeigten sich die Ahrensburger voll auf der Höhe der Zeit. Eine interaktive Kampagne im Netz begeisterte Tausende Gestalter und präsentierte Edding ganz und gar nicht traditionell. Unter »Wall of Fame« (http://wall-of-fame.com) richtete man eine interaktive Zeichenfläche im Netz ein. Maximal zehn Zeichner konnten sich hier gleichzeitig verewigen, nach dem Prinzip »Wer zuerst kommt, malt zuerst«. Was zunächst nur zwei Dutzend Grafikern über ein Passwort zugänglich war, wurde rasch für alle geöffnet. Die Illustrationen der ersten Tage hatten die Messlatte aufgelegt, und über die Wochen füllte sich die Wall of Fame mit 250.000 (!) ganz unterschiedlichen Illustrationen, alle mit einem virtuellen Edding-Stift am PC gezeichnet und damit spielerischer Beleg für das Unternehmensmotto »Ein Edding schreibt überall«.

Bis heute kann man im Web den Entstehungsprozess einzelner Zeichnungen miterleben. Natürlich gibt es auch eine Facebook-Seite zur virtuellen Zeichenfläche, auf der unter anderem Live-Sessions mit jungen Zeichnern veranstaltet wurden. Außerdem schreibt Edding jetzt auch in anderer Hinsicht am Computer: Das Berner Grafikatelier Büro Destruct entwickelte eine Schriftart (Font), die dem Schriftbild des dicken Edding 850 nachempfunden ist. Wer die Schrift auf der Website www.type-for-type.com herunterladen will, bekommt sie kostenlos – muss sich aber mit einem Schriftzug verewigen. Eine Einladung zum Mitspielen, die ebenso zahlreich befolgt wurde wie die Möglichkeit, Gestaltungsbeispiele mit der neuen Schrift hochzuladen und anderen zu zeigen. Die besten Beispiele wurden in inzwischen zwei PDF-Magazinen gebündelt, die jeder, der den Font herunterlädt, zugeschickt bekommt.[82]

---

[82]   Ausführliche Vorstellung der Kampagne in einem Interview mit dem Erfinder Christoph Faschian unter der Überschrift »Ich will die Ausnahme zur Regel machen«. In: *Persönlich* Nr. 7/2012, S. 60 ff.

Mehrwert bieten statt Werbeparolen verkünden, mitmachen statt zuschauen, ein offenes Forum im Internet schaffen und ein Experiment mit ungewissem Ausgang wagen – die Edding-Kampagne vereint zahlreiche Merkmale, die typisch für den Marketingeinsatz von Social Media sind, denn Social Media leben von Interaktion. Soziale Plattformen sind damit prädestiniert für einen spielerischen Umgang mit Kunden. Ob diese Form von Marketing sich auszahlt? Das ist im Einzelfall nicht immer leicht zu beantworten. Bei Edding ist eines jedoch sicher: Für eine angestaubte Marke aus der »Analog-Welt« dürfte keiner, der mitgemacht hat, Edding halten.

Unendliche Weiten: Spielen im Netz

Wer halbwüchsige Kinder hat, kennt das Phänomen: Einen Großteil ihrer wachen Zeit sind sie zwar körperlich anwesend, aber geistig abgetaucht, nicht selten in die Cyberwelt. Und wer zu einer beliebigen Tageszeit Zug oder S-Bahn fährt, ist umgeben von Menschen, die über ihr iPhone wischen, auf ihr Tablet eintippen oder am Laptop surfen. Kein Wunder, dass Zeitungsverleger sich Sorgen machen. Social Media heißt das Zauberwort. Dahinter verbergen sich interaktive Online-Plattformen und -Anwendungen wie soziale Netzwerke (Facebook, Linkedin, Xing), Blogs und Foren, Video- oder Fotoplattformen (Youtube, Flickr), Plattformen zum Media-Sharing (Slideshare) und Mikroblogs wie Twitter, um nur einige wenige Beispiele zu nennen. Für einen umfassenden Überblick fächert das auf Social Media spezialisierte Beratungsunternehmen Ethority in einem »Social Media Prisma« die Welt des Web 2.0 auf – umfassend und stets auf dem neuesten Stand.[83]

Hinter abgetauchten Teenagern und Erwachsenen am Smartphone-Tropf verbergen sich erstaunliche Zahlen:

➤ Weltweit gab es 2012 sechs Milliarden Mobilfunkanschlüsse – bei sieben Milliarden Erdenbürgern.[84]

➤ 2,1 Milliarden Menschen waren im selben Jahr aktive Internetnutzer.[85]

➤ Mitte des Jahres verzeichnete Facebook 955 Millionen Accounts.[86]

---

[83] Vgl. www.ethority.de/weblog/social-media-prisma/
[84] Ericsson, zit. n. http://winfuture.de/news,68266.html
[85] Vgl. www.ibusiness.de/aktuell/db/964710SUR.html
[86] Auch wenn man Accounts für Haustiere und andere »Fake Accounts« abzieht, bleiben immer noch 870 Millionen, vgl. *Süddeutsche Zeitung* vom 2. August 2012 »Wenn Haustiere bei Facebook sind«, im Internet unter www.sueddeutsche.de.

➤ Twitter überschritt im gleichen Zeitraum die 500-Millionen-Marke.[87]

➤ Bei Youtube wurden in dieser Zeit 72 Stunden Videomaterial neu hochgeladen, und zwar nicht pro Stunde, sondern Minute für Minute![88]

Am letzten Beispiel lässt sich übrigens gut veranschaulichen, was Experten mit »exponentiellem Wachstum« im Bereich Social Media meinen: 2007 waren es noch 8 Stunden Videomaterial pro Minute. In nur fünf Jahren hat sich die Menge der Video-Uploads also verneunfacht, und zwar mit beeindruckender Geschwindigkeit: von 8 Stunden im Jahr 2007 über 13 Stunden (2008), 24 Stunden (2009), 35 Stunden (2010), 48 Stunden (2011) bis hin zu 72 Stunden Videomaterial pro Minute in 2012. Übrigens: Bis 2020 soll der weltweite Datenaustausch 44-mal höher sein als heute, so die Prognose in einem Kurzvideo zur »Social Media Revolution«.[89] Einem könnte schier schwindlig werden. Doch was heißt das alles für Spiel und Verkauf?

Zunächst einmal: Spielen heißt Interaktion, heißt selbst aktiv werden, Reaktionen auslösen und Feedback bekommen. Insofern passen Social Media und Spiel zusammen wie Laurel & Hardy oder Brot & Butter. Auf der anderen Seite stellt sich bei nüchterner Betrachtung aber auch die Frage: Wenn das Netz ein riesiges, sich stetig und mit rasanter Geschwindigkeit ausdehnendes Cyber-Universum ist – wie verhindere ich dann, dass mein Anliegen in diesem schier unendlichem Raum ungehört verhallt? Wie falle ich überhaupt noch auf? Kampagnen, die den Spieltrieb der Menschen nutzen, können hier eine Antwort sein. Doch viel hilft nicht unbedingt viel, wenn man den Nerv seiner Zielgruppe nicht trifft. Es wird also darauf ankommen, wirklich fesselnde Aktionen zu starten.

In einem »Leitfaden Social Media« stellt der Branchenverband Bitkom die vielfältigen Einsatzmöglichkeiten sozialer Medien zusammen. Dazu zählen:

➤ die Kommunikation mit Presse, Meinungsführern, Kunden (zum Beispiel via Facebook oder Twitter),

➤ der Einsatz in Marketing und Vertrieb (zum Beispiel Produktinformationen per Video, Sonderkonditionen für Community-Mitglieder, Werbekampagnen im Netz),

---

[87] Vgl. www.socialmediastatistik.de/twitter-hat-jetzt-mehr-als-500-millionen-nutzer/
[88] Vgl. http://de.statista.com/statistik/daten/studie/207321/umfrage/upload-von-videomaterial-bei-youtube-pro-minute-zeitreihe/
[89] In deutscher Übersetzung unter www.youtube.com/watch?v=MhAm9gPXvfk

➤ Recruiting und Employer Branding (ein Beispiel sind die im letzten Kapitel beschriebenen Unternehmensspiele),

➤ Kundengewinnung (etwa über Blogs, Foren und Facebook-Seiten, die interessanten Mehrwert bieten und ganz nebenbei auf Produkte und Angebote aufmerksam machen),

➤ Produktentwicklung (zum Beispiel über offene Kreativ-Plattformen, auf denen Kunden Ideen einbringen und Verbesserungsvorschläge posten können).

Voraussetzung ist natürlich, dass die eigene Zielgruppe im Netz anzutreffen und über die gewählten Kanäle zu erreichen ist und dass die Social-Media-Kampagne professionell und mit klaren Zielvorstellungen durchgeführt wird.[90]

Fazit: Wenn sich Inhalte zunehmend ins Internet verlagern, Konsumenten Empfehlungen von »Freunden« in sozialen Netzwerken mehr vertrauen als Werbeaussagen, junge Zuschauer dem Fernseher allmählich den Rücken kehren und Sendungen vor allem über das Internet konsumieren[91], beschneidet ein Unternehmen, das Social Media ignoriert, seine Möglichkeiten. Allerdings dürfen Social Media nicht einfach als zusätzliche Werbekanäle verstanden werden. Legendär sind kapitale Fehler von Großunternehmen wie Nestlé, wo man Facebook-Fans empfahl, nur positive Kommentare auf der Unternehmensseite zu hinterlassen und damit eine Welle der Empörung auslöste. Ganz ähnlich erging es dem inzwischen insolventen Energieanbieter TelDaFax. Dieser ließ auf Facebook mitteilen, dies sei »nicht der geeignete Platz für Beschwerden und Kundenanliegen«. Ergebnis war wie bei Nestlé ein sogenannter Shitstorm im Netz, sich rasant verbreitende Negativwerbung.[92]

Die Negativbeispiele zeigen: Social Media leben von der Kommunikation auf Augenhöhe, davon, dass viele mitmachen und ihre Meinung äußern dürfen. Die Deutungshoheit von Unternehmen ist hier aufgehoben. Wer alles unter Kontrolle haben will, ist hier falsch. So gesehen sind Anbieter, die sich trauen zu spielen, bei Social Media genau richtig. Schließlich lässt sich auch beim Spielen der Verlauf niemals genau vorhersagen. Und: Spielerische Ansätze bieten einen Mehrwert in Form von Unterhaltung, Spaß, eventuell

---

[90] Bitkom (Bundesverband Informationswirtschaft, Telekommunikation und neue Medien e.V.), »Leitfaden Social Media«. Berlin 2010. Download im Internet unter www.bitkom.org/de/publikationen/38337_66014.aspx

[91] Vgl. »Social Media Revolution« 2012, a. a. O. 29 Prozent aller Menschen unter 25 schauen laut dieser Videoübersicht alle oder die meisten TV-Sendungen über das Internet.

[92] Vgl. Stefan Beutelsbacher, »Wenn ein Shitstorm das Konzern-Image zerstört«, in: *Die Welt* vom 15. Juni 2011, im Internet unter www.welt-online.de.

auch in Form von Preisen und Gewinnen. Damit erfüllen sie per se eine zentrale Forderung aller Social-Media-Fans: »Content is King!« Schauen wir uns an, wie verschiedene Unternehmen das in die Tat umsetzen und welche Kanäle sie dabei nutzen.

Mehrwert & Mundpropaganda: Social Media mit Fan-Potenzial

Wer das Stichwort »Social Media« googelt, erhält über drei Milliarden Treffer. Das ist viel mehr als Justin Bieber und Lady Gaga zusammen erreichen, falls Sie Ihren dreizehnjährigen Nachwuchs beeindrucken möchten. Niemand kann all das zur Kenntnis nehmen. Dieses Kapitel beschränkt sich darauf, einige interessante Möglichkeiten aufzufächern, und zwar gegliedert entsprechend der verschiedenen Kanäle.

Strategie 1: Spiele-Apps als Markenbotschafter

Wussten Sie, dass 60 Prozent aller Smartphone-Besitzer ihr Lieblingsspielzeug inzwischen sogar mit auf die Toilette nehmen? Okay, vielleicht wollten Sie es gar nicht soooo genau wissen … Aber möglicherweise interessiert Sie, dass von den derzeit rund 500.000 Apps etwa 51.000 Game-Apps sind.[93] Ein Teil davon wird von Unternehmen zu Werbezwecken entwickelt. Solche »Brand Apps« werben auf subtilere Weise als Bannerwerbung oder Anzeigen: Hier geht es vorwiegend um den Spielspaß; Unternehmen oder Produkt sind unaufdringlich ins Spiel eingewoben. Solche Spiele werden in Foren und Blogs heute übrigens rezensiert wie Bücher in der guten alten Medienwelt, etwa bei Social Media Today, wo auch einige der folgenden Beispiele präsentiert werden.[94] Ein gutes Spiel heimst Lob in Sachen Grafik, Spaßfaktor und »Shareability« ein – es juckt den Spieler in den Fingern, seine Facebook-Freunde oder anderen Kontakte über seine Erfolge zu informieren und trägt so den Namen des Unternehmens und möglicherweise auch ein inhaltliches Anliegen in die Welt.

---

[93] 500.000 Angebote sind laut Apple im eigenen App-Store erhältlich; auf 51.000 beziffert das Unternehmen Madvertise die Zahl der Spiele-Apps.

[94] Vgl. http://socialmediatoday.com/markbigdot/495323/examples-facebook-apps-brands- 7-best.

Logistics Expert

Das österreichische Transportunternehmen Gebrüder Weiss blickt auf fast 700 Jahre Unternehmensgeschichte zurück. Nein, kein Druckfehler: 1330 wurde es in einer Steuerliste des Stiftes St. Gallen erstmals erwähnt.[95] Heute ist es ein Global Player und natürlich im Netz präsent. Das Verschiebe-Puzzle »Logistics Expert« heimst in Foren wie www.iPlayApps.de viel Lob ein: Ziel des Spiels ist es, durch Verschieben von Kisten, Kästen und Containern den Weg für einen Gabelstapler freizuräumen, damit dieser den Ausgang erreicht – und der Spieler das nächste von insgesamt 40 Levels. Das sei »kostenlos & gut gemacht«.[96]

Innocent Fruit Picker

Den Smoothie-Hersteller Innocent kennen Sie bereits aus Kapitel 5. Beim Erntehelfer-Spiel, einer Facebook-App, geht es darum, die Pflücker mit ihren Früchten unfallfrei zum richtigen Fruchtcontainer zu lenken. Das Ganze ist ein Hindernislauf mit viel Tempo, dem die Tester von Social Media Today hohes Suchtpotenzial attestieren. Die Versuchung, seinen Freunden die erreichte Punktzahl stolz mitzuteilen, sei groß.

Play Today

Die Pizza-Kette Domino's hat auf Facebook ein einfaches Spiel lanciert, bei dem herabfallende Salami-, Champignon- oder Olivenscheiben getroffen und gelöscht werden müssen. Der Clou: Erreicht der Spieler Level 4, spendet die Fastfood-Kette einen US-Dollar an ein Kinderhospital.[97] Binnen weniger Monate kamen so 8.000 US-Dollar zusammen – ein Beispiel für Imagepflege per Social Media unter Einbeziehung potenzieller Kunden, die »mithelfen« können.

Think Blue. World Championship

Bei dieser Spiele-App geht es zur Abwechslung einmal nicht darum, so schnell, sondern so spritsparend wie möglich zu fahren. VW promotet damit seine Nachhaltigkeitskampagne unter dem schnittigen Slogan »Think Blue«; die Spieler begeisterten sich vor allem für die anspruchsvolle Grafik und den herausfordernden Fahrspaß. Vertrieben wird das kostenlose Spiel über den Apple App-Store.

---

[95] Quelle: www.gw-world.com/de/Geschichte_Anfaenge.aspx

[96] Vgl. www.iplayapps.de/news/Kostenloses_&_gut_gemachtes_Werbespiel__Verschiebe-_Puzzle_Logistics_Expert_neu_im_ AppStore/3533/

[97] Vgl. www.facebook.com/Dominos/app_310646978946234

Pilotifant

Im Design seiner bereits beschriebenen lustigen Schadensskizzen hat die Schweizer Mobiliar Versicherung ein Spiel rund um einen kleinen Elefanten entwickelt. Der Spieler muss verhindern, dass dieser im Porzellanladen großen Schaden anrichtet, und ihn über einen Hindernisparcours lotsen. Dafür gab es den Swiss App Award als »App of the Year 2012«. Die Nutzerurteile reichen von »einfach klasse« bis »richtig süß!«

Spiele sind Sympathieträger. Käme eine Spiele-App für Ihr Unternehmen infrage? Das Beispiel Mobiliar zeigt, dass es nicht immer die aufwendigste Grafik sein muss, wenn man Kunden bezaubern will.

Strategie 2: QR-Codes kreativ nutzen

Ob auf Litfaßsäulen oder Plakaten, ob in Zeitungen oder Magazinen – QR-Codes, die zu weiterführenden Informationen im Netz leiten, haben rasend schnell die Welt erobert. Hier zwei Beispiele für besonders kreative Nutzungen.

Feuerwerk live!

Eigentlich ist es einfach, aber man muss eben erst einmal darauf kommen: Kunden der Schweizer Baumarktkette Jumbo mussten ihr Feuerwerk zum Schweizer Nationalfeiertag am 1. August nicht wie die Katze im Sack kaufen: Ein QR-Code neben den Raketen und Böllern führte zu einem entsprechenden Video. So konnten Käufer ihr Feuerwerk vorab schon auf dem Smartphone erleben und gerne auch mit Freunden teilen.

Street Evo

»Der fortschrittlichste Katalog für das fortschrittlichste Auto«, so bewarb Fiat Spanien eine ungewöhnliche Kampagne für den Fiat Evo. Als QR-Code fungierten hier nicht die bekannten Schwarz-Weiß-Raster, sondern Verkehrszeichen. Mit einer entsprechenden App, die im App-Store kostenlos heruntergeladen werden konnte, führten gängige Schilder zu passenden Kataloginhalten – das Stoppschild beispielsweise zum ABS-Bremssystem, das weiße P auf blauem Grund zur Erläuterung der Parksensoren. Natürlich war der auf das Smartphone geladene Katalogabschnitt nicht statisch, sondern lud zum Spiel mit dem abgebildeten Evo ein. Verbunden wurde das Ganze mit einem Gewinnspiel: Wer bestimmte Schilder fotografierte, konnte Sachpreise gewinnen. »Fiat Street Evo« war laut Auskunft des Unternehmens ein voller Erfolg: In einer Woche wurden mehr als eine Million Schilder fotografiert. Damit sei der Evo-Katalog der meistverbreitete in der Geschichte von Fiat. Das Video zur Aktion gibt es auf Youtube[98], und natürlich führte der Katalog den Fotografen per GPS auch gern zur nächsten Fiat-Filiale.

> Wie könnten Sie QR-Codes auf unterhaltsame und spielerische Weise in Verkaufsförderung und Werbung einbinden? Denken Sie an Bilder, Videos, Rätsel, Gewinnspiele …

Strategie 3: Twitter-Kampagnen

In 140 Zeichen muss alles gesagt sein, so lautet das Grundprinzip von Twitter. Wer Kurznachrichten, sogenannte Tweets, per Internet versenden will, erreicht in Sekundenschnelle alle, die ihm »folgen«, also seinen Twitter-Account abonniert haben. Manche Unternehmen nutzen dies für Service-Mails und Beschwerdemanagement. Restaurants verschicken ihr Tagesangebot, und Prominente und Nicht-Prominente Nachrichten über das werte Befinden. Aber Twitter bietet auch verkaufsfördernde Spielmöglichkeiten.

Fox at Planeta Terra

Planeta Terra ist ein großes Musikfest, das jährlich im brasilianischen São Paulo stattfindet. Volkswagen sponserte die Musikveranstaltung 2010. Das Ziel: den Wagentyp »Fox« einer jungen Zielgruppe näherzubringen. Das erreichte man durch eine Twitter-Kampagne für die das Unternehmen an verschiedenen Orten in der Stadt die begehrten Tickets deponierte. Je öfter jemand #FoxatPlanetaTerra an seine »Follower« twitterte, desto näher wurde er über Google Earth an eines der Verstecke geführt. Die virtuelle Schatzsuche dauerte vier Tage, katapultierte die Fox-Nachricht binnen zwei Stunden an die Spitze der Tweet-Hitliste in der Stadt und sorgte so dafür, dass sich die Botschaft rasend schnell in der 20-Millionen-Metropole herumsprach.[99]

---

[98] Vgl.www.youtube.com/watch?feature=endscreen&NR=1&v=IoYYOuPnpBs

[99] Video zur Aktion unter www.youtube.com/watch?v=CSYxDz22DqY. Dieses und weitere Beispiele verdanke ich dem Blog der Social Media Agentur Tobesocial aus Stuttgart; vgl. http://tobesocial.de/blog/die-besten-social-media-kampagnen-videos-2011-top-strategien.

Winterwarmer

Das britische Telekommunikationsunternehmen Orange ließ sich eine Twitter-Aktion einfallen, die ein wenig Wärme in kalte Januartage bringen sollte. Wer in London, Birmingham, Brighton oder Manchester eine entsprechende Begründung mit dem Hashtag #winterwarmer twitterte, konnte einen Freund mit heißem Kakao und einem Schal überraschen. Orange setzte einen Kleinbus in Gang, der beides auslieferte und gleichzeitig als mobiler Werbeträger fungierte, natürlich begleitet von einem Kamerateam, das für ein entsprechendes Youtube-Video sorgte.[100] Das Einzige, was mich daran wundert: Wieso hat man es nicht mal mit heißem Orangensaft versucht?

Fairness-Tweets

Vielleicht sind Sie auch schon einmal über einen Aufkleber gestolpert, der einen Laden als »Ben & Jerry's Official Dealer« ausweist. Das Unternehmen produziert Eis aus Fairtrade-Zutaten und wurde Ende der Siebzigerjahre von zwei Schulfreunden gegründet. (Falls Sie dabei auf Ben und Jerry tippen, liegen Sie richtig!) Um diese Unternehmensphilosophie unter die Leute zu bringen, ließ man sich die Aktion »Fair Tweets« einfallen. Die meisten Twitter-Botschaften schöpfen die Obergrenze von 140 Zeichen nicht aus. Wer sich auf der Website www.fairtweets.com ein entsprechendes Browser-Plug-in herunterlud, sorgte dafür, dass der zur Verfügung stehende Leerraum mit »Fair Tweets«, also Hinweisen auf den World Fair Trade Day und Links zur Fair Trade-Bewegung gefüllt wurde.[101]

Mit witzigen Inhalten können Sie Twitter zum Multiplikator Ihrer Botschaften machen. Wie könnten Sie dieses Medium sinnvoll in ein spielerisches Angebot einbauen?

Strategie 4: Mehr Spaß mit Facebook

Wenn Facebook ein Land wäre, würde es zu den größten der Erde zählen, wird gern kolportiert. Schließlich steuert man auf die erste Milliarde an Nutzern zu. Das Land aller Leute, die Zahnbürsten benutzen oder Brillen tragen, wäre zwar vermutlich noch größer, aber dennoch: Facebook ist ein soziales Medium mit beeindruckendem Einfluss. Daher drei Beispiele für spielerische Facebook-Kampagnen.

---

[100]   Video zur Aktion unter www.youtube.com/watch?v=L5fUdvQMnFM
[101]   Video zur Aktion unter http://www.youtube.com/watch?v=QX7busQUJo0

Die längste Bank der Welt

Auf dem Kronberg in Appenzell errichtete Appenzeller Käse im Sommer 2012 die längste Bank der Welt. Das Ziel: den bisherigen Weltrekord von 660 Metern zu knacken und ins *Guinness-Buch* zu kommen. Die Käserei verband den Weltrekordversuch geschickt mit einer Facebook-Kampagne: Wer sich auf der entsprechenden Facebook-Seite registrierte, sorgte dafür, dass die Bank aus Föhrenholz um weitere 33 Zentimeter wuchs und dass sein Namensschild auf der Bank angebracht wurde. So konnte jedermann – zumindest virtuell – mit Werbeträger Uwe Ochsenknecht und Hackbrett-Musiker Nicolas Senn auf einer Bank sitzen. Am 3. August, nach nur zwei Wochen, waren 800 Meter erreicht – die letzten 200 Meter und alle weiteren Plätze mussten per Losverfahren vergeben werden, denn für mehr als einen Kilometer war auf dem Kronberg kein Platz. Die Kampagne sorgte für Aufsehen in der Presse, und natürlich konnte man auf Youtube das stetige Wachsen verfolgen und die Namensliste durchklicken.[102] Eine sympathisch-spielerische Aktion, die auch auf den »Mitmach-Effekt« setzt (siehe Strategie 6).

»Curiously Strong Awards« für Facebook-Freunde

Pfefferminzhersteller Altoids, bekannt vor allem in den USA und Großbritannien, animierte seine Facebook-Fans, ihren virtuellen Freunden lustige Preise zu verleihen. Dazu drehte man ein kurzes Musikvideo – »A Tribute to the Stars on Facebook«. Darin werden die typischen Facebook-Junkies vorgestellt: die »Like-a-lot«, die eigentlich alles mag (sogar als Veganerin das Rindfleisch), den »Lyric-Lover«, der andere penetrant mit Songtexten nervt, »Princess Snapshot«, die selbstverliebt ein Foto nach dem anderen ins Netz stellt (natürlich nur solche von sich selbst), der »Food-o-grapher«, der scheinbar jeden Burger vor dem Verzehr verewigt, den »Oversharer« mit unbezwingbarem Mitteilungsdrang, den »Jet Setter«, der öffentlich darüber nachgrübelt, ob die Sitze in der ersten Klasse etwa schmaler geworden sind, oder die »Past-Blaster«, der kein Jugendfoto zu peinlich ist, um es nicht ins Netz zu stellen.[103] Angesichts dieser verspielt-ironischen Auswahl nominierten die Altoids-Fans fleißig, das Video war ein Renner.

---

[102] Vgl. www.facebook.com/appenzellerkaese
[103] Vgl. http://vimeo.com/22415297

 ### *Facebook & RFID auf der Automesse*

Autokonzerne nutzen Social Media gern in Verbindung mit anderen technischen Innovationen, siehe Fiat Street Evo oder die virtuelle Schnitzeljagd von Volkswagen für den Fox. Der Grundgedanke ist klar: Man präsentiert sich als Speerspitze der Technik. Etwas Besonderes entwickelte Renault zur holländischen Automesse RAI 2011: die Verbindung von Facebook mit RFID (radio-frequency identification). Am Renault-Messestand ließen Interessierte sich eine Karte mit RFID-Kennung ihres Facebook-Profils erstellen. Anschließend konnten sie mittels spezieller »Facebook-Säulen« bei jedem Renault-Modell durch simple Präsentation der Karte vor dem Erkennungsfeld eine »Like«-Botschaft an alle Facebook-Freunde schicken. Die kleine technische Spielerei faszinierte viele Besucher, die sonst kaum über Renault-Modelle berichtet hätten.[104]

Spielen Sie schon mit Facebook – oder nutzen Sie es nur als »Verlautbarungskanal«? Geben Sie Ihren Fans etwas zum Mitmachen, fordern Sie ihren Spieltrieb heraus!

Zeit für eine kurze Zwischenbilanz. Die Social-Media-Ideen sind bunt, die Möglichkeiten schier endlos, wie die Beispiele zeigen. Bei der Planung von spielerischen Aktionen empfiehlt es sich, den Rat von Profis einzuholen und auf folgende Punkte zu achten:

➤ Was gibt Ihr Budget her? Das Netz ist ein virtuelles Dorf, in dem sich Positives, aber auch Negatives in Windeseile herumspricht. Jede Aktion sollte daher gut geplant und gut gemacht sein.

➤ Wie lautet Ihr Ziel? Wollen Sie bisherige Kunden binden, neue Kunden erreichen, den Bekanntheitsgrad steigern, das Image positiv beeinflussen, für ein bestimmtes Produkt oder Angebot werben … ?

➤ Wie könnten Sie das erreichen/was bieten Sie den Nutzern: Unterhaltung, Spiel, Witz und Humor, Gewinnmöglichkeiten?

➤ Welche Social Media sollten genutzt werden?

---

[104] Video unter /www.youtube.com/watch?v=TfwKJ97T9C0 (»Renault connects Facebook to the AutoRAI with RFID«).

> Wie ist gewährleistet, dass die spielerische Aktion den gewünschten Schneeballeffekt hat und virale Effekte im Netz auslöst? Wie ließen sich die verschiedenen Netzkanäle miteinander verbinden?

> Wer ist intern zuständig, wer extern?

> Wie messen Sie den Erfolg? Rein quantitativ (Zahl der Facebook-Fans, Twitter-Follower oder Twitter-Retweets, Klickraten bei Youtube-Videos) oder auch qualitativ (zum Beispiel durch inhaltliche Analyse von Kommentaren)?

Strategie 5: Youtube als viraler Werbekanal

Die Menschen sind süchtig nach guten, witzigen, unterhaltsamen Filmen, und Youtube bedient dieses Interesse perfekt. Es gibt fast nichts, was es hier nicht gibt. Große Unternehmen posten aufwendige Werbespots mit verwegenen und spielerischen Ideen. Wer genügend Zuschauer anlockt, spart teure Werbezeit im Fernsehen und erreicht noch dazu Menschen, die sich freiwillig den Spot ansehen und nicht ins Bad verschwinden, sobald die Werbepause beginnt. Kommt ein Spot besonders gut an – wie beispielsweise »Uncle Drew« von Pepsi (dazu kommen wir gleich noch) –, kann man ihn immer noch im Fernsehen bringen. Eine andere Strategie: Witzige und verspielte Aktionen, wie etwa die Orange »Winterwarmer« in Strategie 3 oder Fiat »Street Evo« in Strategie 2, erreichen über eine kurze Video-Dokumentation in Windeseile ein großes Publikum. Dafür lieferte ein australischer Snackhersteller das folgende Beispiel.

Delite-o-matic
Die Firma Fantastic Snacks stellt Rice-Cracker und andere Knabbereien her; Delites ist eine der Hauptmarken. »How far will you go for Fantastic Delites?« fragte das Unternehmen seine Kunden und ließ sich ein witziges Experiment einfallen: In einem Bahnhof in Melbourne stellte man einen Automaten mit Delites-Packungen auf, mannshoch, knallgrün und mit dem typischen Schriftzug der Marke. Ein funkelndes Display im Stil eines Spielautomaten versprach »FREE DELITES«, formulierte aber gleichzeitig die Bedingungen für den Gewinn: 100 Mal den dicken roten Knopf drücken! Eine alte Dame griff beherzt zu, unter den Augen von immer mehr Passanten, und drückte, bis der Automat ihr Snack-Paket ausspuckte. Dann steigerte der »Delite-o-matic« den Schwierigkeitsgrad: 200 Mal drücken! 400 Mal! Selbst für 5.000 Knopfdrücke fand sich noch jemand. Mehr noch: Passanten knieten, hüpften, versuchten sich als Breakdancer, beklatscht vom Publikum, alles auf Wunsch des Delite-o-matic.

Für mich ein schönes Beispiel dafür, wie verspielt Menschen jeden Alters und jeder Nationalität sind. Wenn Sie sehen wollen, was Männern dabei zu der Aufforderung »Dance like a ballerina« eingefallen ist, schauen Sie sich am besten das Youtube-Video dazu an. Im August 2012 hatte man es dort auf über zwei Millionen Zuschauer und über tausend Kommentare gebracht.

Uncle Drew

Für seine zuckerfreie Cola setze Pepsi den Slogan »A Zero-Calorie Cola in Disguise« (in etwa »Perfekt getarnte kalorienfreie Cola«) auf besonders fantasievolle Weise um. Ein aufwendig produzierter Spot erzählt die Geschichte von Uncle Drew, einem in Würde ergrauten älteren Herrn, der sich ein Basketballspiel seines Neffen auf irgendeinem Hinterhof anschaut. Als der Neffe verletzt ausscheidet, springt Uncle Drew ein. Zunächst belächelt, entpuppt er sich als virtuoser Spieler, der die anderen auf dem Feld im wahrsten Sinne des Wortes »alt« aussehen lässt. Hinter »Uncle Drew« verbirgt sich offensichtlich ein Profi-Basketballer, dessen eindrucksvolle Verwandlung zum älteren Herrn das Video ebenfalls zeigt. Ein Spot, in dem gespielt wird, mit Bällen und mit Klischees, und der in drei Monaten 14 Millionen Mal angesehen wurde. Solche Spots kosten natürlich viel Geld, mehr Geld, als die meisten Unternehmen aufbringen können oder wollen.

Wer sehen möchte, welch atemberaubende Filme Großunternehmen inzwischen bei Youtube hochladen, braucht sich nur die Spots von Nike, Mercedes oder auch die ungeheuer erfolgreichen Spots für das Duschgel Old Spice mit Footballstar Isaiah Mustafa anzuschauen – mit 43 Millionen Klicks einer der erfolgreichsten Werbefilme auf Youtube. Doch nicht immer braucht es große Stars, spektakuläre Tricks und exotische Schauplätze, wie das letzte Beispiel zeigt. Mit etwas Witz kann man durchaus auch einiges erreichen.

Amazon Yesterday Shipping

Im Sommer 2012 gab es Meldungen, der Online-Riese Amazon plane »Same-Day Shipping«, also Lieferung am Tag der Bestellung, was den stationären Buchhandel einmal mehr das Fürchten lehrte. Die US-Comedy-Truppe The Bilderbergers nahm diese Service-Planung in einem witzigen und relativ simplen Video mit dem Titel »Amazon Yesterday Shipping« humorvoll auf die Schippe. Der beste Service wäre doch eigentlich: »Heute bestellt – gestern geliefert!« Das macht Umtauschaktionen zwar etwas verwirrend, hätte aber einen großen Reiz. Und was wäre, wenn man sich selbst bei Amazon bestellen könnte? Schließlich gibt es dort alles! Wie die Alter-Ego-Bestellung ausgeht, sehen Sie sich am besten selbst an. Ergebnis: eine halbe Million Klicks in nur drei Wochen. Ob das Werbung für Amazon ist? Keine Ahnung. Aber sicher eine ungeheuer effektive Werbung für The Bilderbergers!

Witz schlägt Budget! Wenn Ihnen etwas Originelles einfällt, kann auch ein einfaches Video virale Effekte erzielen. Sind Sie schon bei Youtube präsent? Das wirkt sich nebenbei auch positiv auf Ihre Google-Platzierung aus.

Strategie 6: Mitmachaktionen (verschiedene Kanäle)

Der Delite-o-matic dürfte den einen oder anderen Zuschauer sprachlos machen. Ich denke, wir unterschätzen immer noch, wie gern Menschen mitmachen. Selbst in ein Spiel einzusteigen, mehr oder weniger tief, spielt bei sehr vielen Social-Media-Kampagnen eine Rolle, ob bei der virtuellen Schnitzeljagd via Twitter (Volkswagen), der Facebook-Aktion via RFID (Renault), der Verleihung von Facebook-Awards an Freunde (Altoids) oder der Platzbuchung auf der längsten Bank der Welt (Appenzeller Käse). Weil diese Strategie so wirkungsvoll ist, hier abschließend noch einige Mitmachbeispiele.

Duschbotschafter gesucht!

Der Sanitärausrüster Grohe suchte über seinen Facebook-Account »Duschbotschafter«, die bereit waren, eine neuartige Handbrause zu testen und darüber auf ihrer Facebook-Seite zu berichten. Der Duschkopf sah ungewöhnlich aus, war in verschiedenen Farben zu haben und versprach einen sanften »Rainshower«. Schätzen Sie mal, wie viele Menschen gerne im diplomatischen Dienst einer Badezimmerarmatur stehen würden. Es waren 6.500! Das Fachmagazin *Werben & Verkaufen* lobte die Aktion als besonders gelungenes Beispiel für einen Fachhändler, der so einem breiteren jungen Publikum bekannt wurde. Das Portal Marketing-trendinformationen.de wunderte sich: »Ein Armaturenhersteller wird zum Facebook-Liebling«![105]

Tanzen und Bestellen

Das italienische Modelabel Diesel realisierte 2010 einen interaktiven Online-Katalog per Tanzvideo. Hundert Laientänzer – Kunden und Dieselmitarbeiter – präsentierten die Kollektion zu flotter Musik. Wer Kleidungsstücke anklickte, wurde auf die Bestellseite geführt; wer die Protagonisten anklickte, auf deren Facebook-Seite. Das Tanzvideo mit dem Titel »A hundred lovers« findet man (ohne Bestellmöglichkeit) bei Youtube.[106] Es endet mit der Aufforderung: »Can you dance the dance? Webcam yourself, then click here for fame and glory …« Inspirieren ließen sich die verantwortlichen Werber von einer Tanzszene in Jean-Luc Godards Film *Bande à Part* (*Die Außenseiterbande*) aus den Sechzigerjahren.

Anna's Best App

Die Schweizer Handelskette Migros animiert ihre Kunden über das Nano-Sammelfieber hinaus auf vielfältige Weise zum Mitspielen. Zum Beispiel über Anna's Best App, eine Applikation, mit welcher der Kunde zum virtuosen Koch mutiert, der in der Küche herumwirbelt. Dazu muss er lediglich ein Foto von sich hochladen und so ins Video einklinken. Schon kann er seine Freunde mit seinen ungeahnten Kochkünsten verblüffen – analog zu »Anna's-Best«-Werbespots, in denen zwei Migros-Lieferanten Menschen am Arbeitsplatz mit leckeren Gerichten

---

[105] Vgl. www.wuv.de/nachrichten/digital/grohe_sucht_duschbotschafter und www.marketing-trendinformationen.de/werbung/ein-armaturenhersteller-wird-zum- facebook-liebling-die-duschbotschafter-kampagne-von-grohe-3366.html

[106] »Diesel Spring Summer Catalogue 2010 to the tune of a hundred lovers«; http://www.youtube.com/watch?v=QmmmZUS4JBA.

überraschen. Migros promotet über die Mitmach-App seine gleichnamige Lebensmittelmarke.[107]

Wodurch könnten Sie in Ihren Kunden die Lust zum Mitmachen wecken? Trauen Sie den Menschen ruhig etwas zu: Die Telekom brachte 2009 in einem »Chor ohne Grenzen« sogar den Leipziger Hauptbahnhof zum Singen!

Wer weiß, vielleicht werden die heutigen Einbahnstraßen-Medien angesichts erlebnishungriger und IT-versierter Menschen irgendwann weitgehend der Vergangenheit angehören, und das nicht nur bei verkaufsfördernden Maßnahmen. So experimentierte ein Schweizer Jugendsender im August 2012 mit »Social TV«. Das ist laut Geschäftsführer Alexander Mazzara ein interaktives Programm für die Generation Facebook: Zuschauer können sich per Website oder App ins Programm einwählen, Fragen stellen, kommentieren, abstimmen oder an Gewinnspielen teilnehmen.[108] Man muss kein Prophet sein, um vorauszusagen: Unternehmen, die Social Media erfolgreich zum spielerisch-humorvollen Austausch mit ihren Kunden nutzen, werden mehr und mehr die Nase vorn haben!

---

[107] Vgl. www.migros.ch/de/supermarkt/annas-best.html. Natürlich gibt es die App auch kostenlos in einschlägigen Stores.
[108] Interview mit Alexander Mazzara vom 6. August 2012 unter der Überschrift »Wir erfinden gerade Social TV«; im Internet unter www.persoenlich.com.

Machen Sie Ihr Spiel!

Social Media sind ein Produkt des Web 2.0, in dem Nutzer selbst Inhalte generieren und sich äußern können. Social-Media-Kampagnen setzen daher Kundenkommunikation auf Augenhöhe ebenso voraus wie die Bereitschaft des Unternehmens, nicht alles kontrollieren zu wollen.

Über Social Media lassen sich in Windeseile sehr viele Menschen erreichen, wenn es gelingt, eine virtuelle Empfehlungswelle auszulösen.

Großunternehmen nutzen Kanäle wie Facebook bereits für aufwendige und teure Kampagnen, beispielsweise durch Werbespots. Social-Media-Erfolg muss aber nicht zwangsläufig teuer erkauft werden: Witz schlägt Budget!

Social Media-Strategien auf einen Blick:

➤ per Spiele-App das eigene Unternehmen positiv ins Bewusstsein rufen,

➤ mit QR-Codes spielen, etwa durch Verknüpfung mit Gewinnspielen oder interessanten Zusatzinformationen,

➤ Kunden dazu veranlassen, Unternehmensinhalte zu twittern,

➤ attraktive Mitmach-Angebote via Facebook lancieren,

➤ Facebook als Werbekanal nutzen – durch Filme, die so gut gemacht und unterhaltsam sind, dass Nutzer sie freiwillig anschauen, oder durch Videodokumentationen spektakulärer Aktionen,

➤ Mitmachangebote an Kunden formulieren, statt auf Einwegkommunikation zu setzen.

8.   Spielerischer Markenaufbau

Tradition + Witz = Appenzell!

Noch vor 15 bis 20 Jahren galt das Appenzellerland als ein wenig hinterwäldlerisch. Das sei kein Thema mehr, meint der Tourismuschef von Appenzell: »Heute bewundert man uns für unsere typischen Schweizer Werte.«[8] Viele in der Schweiz und darüber hinaus bekannte Marken stammen aus Appenzell, darunter das Appenzeller Bier, das bis nach Costa Rica exportiert wird, und der Appenzeller Käse, der auch jenseits der Schweizer Grenzen beliebt ist. Wie haben die Appenzeller das geschafft? Natürlich sind sie stolz auf ihre Traditionen und Trachten, auf Natur und Landschaft. Doch sie sind auch gewitzt und fantasievoll, innovativ und modern und vor allem: Sie spielen gekonnt mit ihrem etwas kauzigen Image.

Beim Appenzeller Käse heißt das zum Beispiel: Man hat drei knorrige Sennen in malerischer Tracht zu Markenbotschaftern gemacht, doch die verkünden ganz auf der Höhe der Zeit von Plakatwänden trotzig: »Auch für den größten Bonus: Das Geheimrezept verraten wir nicht.« Man dreht Werbespots, in denen Schauspieler Uwe Ochsenknecht vergeblich versucht, den Sennen das »Käsegeheimnis« des leckeren Appenzellers zu entlocken. Man ist in Sachen Social Media auf dem Laufenden und baut in Zusammenarbeit mit seinen Facebook-Fans »die längste Bank der Welt« (siehe Kapitel 7). Deren notarielle Messung feiert man pressewirksam mit einem Volksfest auf dem Kronberg. Wer die eigene Stube nicht verlassen möchte, wird über die Appenzeller-Website zu einer App geleitet, mit der er sich in der traditionellen Säntis-Kunst des »Talerschwingens« üben kann.[109]

---

[109]   Quelle: www.appenzeller.ch > Markenwelt > Talerschwingen.

Ähnlich innovativ und spielerisch präsentiert sich die Brauerei Locher, die mit Appenzeller Bier eine ungewöhnliche Erfolgsgeschichte schreibt. In den letzten 15 Jahren hat man den Bierausstoß fast verzehnfacht und ist so zu einem der zehn größten Arbeitgeber im Kanton Appenzell Innerrhoden aufgestiegen. Erfolgsgeheimnis sind neuartige Spezialbiere wie »Vollmondbier«, das nur in Vollmondnächten gebraut wird und laut Eigenwerbung »die magische Kraft der Natur spiegelt«, während das alkoholfreie »Leermondbier« den bernsteinfarbenen Glanz des Sternenhimmels einfange.[110] Andere Produkte sind »Köhler-Bier«, das nach dem Löwenzahn benannte »Sonnwendlig«, »Hanfblüte« oder das »Appenzeller-Holzfassbier«. Jüngster Coup ist das »Brandlöscher«-Bier im knallroten Feuerlöscher-Design und mit dem Versprechen: »Dieses Bier bekämpft Kehlbrände schnell und wirksam!« Doch auch mit Whisky ist man erfolgreich, wie der preisgekrönte »Säntis Malt« belegt. Die experimentell-spielerische Entwicklung neuer Produkte bei Locher zahlt sich immer wieder aus. Auch bei der Vermarktung geht die Brauerei neue Wege. Man druckt etwa witzige Etiketten – bei Vollmond- oder Leermondbier leuchten sie im Dunkeln; beim »Lager hell« informiert die Rückseite ein Jahr lang über urtümliche Appenzeller Bräuche.[111] Und wer die Website besucht, erfährt, auf welch abenteuerlichen Wegen die Locher Brauerei ihr Bier in die entlegensten Ecken transportiert – mit Eseln, Handwagen, Schneepflug, Schlitten oder Seilbahn beispielsweise.

»Erfolgreiche Marken sind die Leuchttürme in einem Meer gesichtsloser Produkte«, schreibt Hermann Wala in seinem Buch *Meine Marke*[112]. Doch was entscheidet heute über den Markenerfolg? Für den Marketingexperten muss die Identifikation des Kunden mit (s)einer Marke das Ziel aller strategischen Bemühungen sein. Erfolgreiche Marken vermitteln Zugehörigkeit, wecken positive Emotionen, stiften Sinn. Erfolgreich sind danach Unternehmen, die sich ihren Kunden öffnen, ihnen ein Markenerlebnis verschaffen, das zu ihnen passt und das sie als positiven Ausdruck ihrer selbst empfinden. Wala spricht von »Wir-Marken«, um dieses Markenerlebnis zu charakterisieren.

Moment: Taucht in dieser Liste irgendein Markenmerkmal auf, das man nicht durch spielerische Elemente erreichen könnte?

---

[110] Quelle:www.vollmondbier.ch.
[111] Vgl. Appenzeller Zeitung vom 7. Januar 2012 (»Bräuche auf Bier«).
[112] Wala, *Meine Marke*, S. 13.

Marken heute: alles, außer langweilig!

Früher war nicht alles besser, aber manches einfacher – zumindest im Marketing. Vor hundert Jahren konnte Henry Ford noch spotten, sein Klassiker »Model T« sei in jeder Farbe zu haben, sofern es sich dabei um schwarz handele. Solange ein Produkt Mangelware war, musste man sich über ausgeklügelte Methoden der Kundenüberzeugung nicht den Kopf zerbrechen. Das änderte sich in dem Moment, als Kunden die Qual der Wahl bekamen – als aus Verkäufermärkten Käufermärkte wurden. Ein Automobilhersteller, der seinen Kunden lediglich ein Modell in einer einzigen Farbe anbietet, ist heute schwer unvorstellbar. (Oder schon wieder eine geniale Idee?)

Die Funktion von Marken hat sich im Laufe der letzten hundert Jahre stetig gewandelt. Dabei spielen der immer härtere Wettbewerb, aber auch veränderte Lebensbedingungen und Lebenseinstellungen der Verbraucher eine Rolle. In der ersten Phase der Industrialisierung war die »Marke« im Wortsinne eine »Markierung«, die mit der Herkunft eines Produkts auch dessen Qualität bezeugte. Bis ins erste Nachkriegsjahrzehnt setzte sich dieses Verständnis fort – eine Marke stand für die Güte eines Produkts, für gehobene Qualität. Wenn wir heute davon sprechen, doch »lieber ein Markenprodukt zu kaufen«, schwingt dieses Verständnis noch mit. Dennoch wirken die Werbeparolen der Fünfzigerjahre auf uns rührend naiv: Frigeo Brause war »köstlich brausend und erfrischend«, Kukident garantierte den »festen Sitz Ihres Gebisses« und der Deostift Bac verhieß: »Nur ein Strich – körperfrisch!«[113] Dass eine Brause braust, eine Haftcreme haftet und ein Deo für Frische sorgt, setzen wir längst voraus. Je mehr Auswahl die Kunden hatten, desto ambitionierter wurden die Markenversprechen: Heute muss ein Deo mindestens umwerfenden Erfolg beim anderen Geschlecht garantieren, damit es (vielleicht) unsere Aufmerksamkeit gewinnt!

Marken wurden mehr und mehr psychologisch aufgeladen; es ging darum, ein Markenimage zu kreieren, welches das Produkt in der Wahrnehmung der Konsumenten unverwechselbar machte und von anderen abgrenzte. Zigaretten beispielsweise versprachen so wahlweise den »Duft der großen weiten Welt« (Stuyvesant), Freiheit und Abenteuer (Marlboro) oder gute Laune und Gelassenheit (HB). Parallel zur Emotionalisierung und Psychologisierung der Marken wuchsen die Bemühungen um Verbraucheraufklärung. Schon vor fünfzig Jahren warnte Vance Packard in seinem gleichnamigen Buch vor den »geheimen Verführern« der Werbung und den Verkaufsstrategien der Konzerne; im Jahre 2000 legte die Journalistin Naomi Klein mit ihrem Welt-Bestseller *No Logo!* eben-

---

[113] Quelle: www.wirtschaftswundermuseum.de

falls eine harsche Marken- und Konzernkritik vor. Die meisten Konsumenten heute sind mit Verbraucherzentralen, Testheften und kritischen Fernsehmagazinen groß geworden, und seit den Achtzigerjahren ist ihnen durchaus bewusst, dass No-Name-Artikel nicht schlechter, sondern in vielen Fällen sogar identisch mit Markenprodukten sind. Bücher mit Titeln wie zum Beispiel *Welche Marke steckt dahinter?* verkaufen sich bestens, und das Internet verspricht Preistransparenz und Lieferung in die entlegensten Winkel.

So gesehen ist es eigentlich erstaunlich, dass Menschen sich überhaupt noch an Marken orientieren und nicht einfach Verbrauchertests konsultieren und danach schnurstracks das günstigste Angebot erstehen. Doch Menschen sind eben nicht die rationalen Nutzenoptimierer, zu denen sie die Vorstellung vom Homo oeconomicus machen wollte. Inzwischen ist unstrittig, dass wir in allen Lebensbereichen weit emotionaler handeln, als es sich die Aufklärer seit dem 18. Jahrhundert wünschen. In den wohlhabenden Industrienationen sind Marken heute wichtiger denn je. Es kommt darauf an, die »richtige« Jeans zu tragen, die »richtige« Handtasche zu besitzen oder das »richtige« Auto zu fahren. Marken definieren Status oder Gruppenzugehörigkeit, werden zum Ausdruck des eigenen Lebensgefühls, stiften Sinn. Wenn vor einem Apple-Store etliche Fans die Nacht vor dem Erstverkaufstag eines neuen Produkts im Freien verbringen, nur um ganz vorne in der langen Schlange zu stehen und ein Massenprodukt als Erste zu erstehen, nimmt die Markenverehrung fast religiöse Züge an. Zu verdanken ist das neben dem charismatischen, inzwischen verstorbenen Steve Jobs vermutlich auch der spielerisch einfachen Bedingung seiner Produkte.

Um Kunden so an sich zu fesseln, müssen sich auch andere Markenmacher einiges einfallen lassen. Mit Sicherheit erfüllen die meisten Sportschuhe heute ganz gut ihren Zweck. Doch nur mit einem Nike-Schuh erwirbt man die Siegermentalität, die Nike mit der Verpflichtung von Markenbotschaftern wie NBA-Stars und mit seinen spektakulären Spots verkörpert. Coca-Cola steht für den American Way of Life, Chanel für unübertroffene klassische Eleganz, Audi für einen vermeintlich uneinholbaren »Vorsprung durch Technik«. Und eine der teuersten Marken der letzten Jahre – Google – steht für sympathische Verspieltheit, die beim bunten Logo beginnt, sich in lustigen »Google-Doodles« auf der Eröffnungsseite fortsetzt und die offizielle Google-Unternehmenskultur prägt, mit fantasievoll ausgestatteten Firmengebäuden auf der ganzen Welt, mit Freiräumen zum Spielen und Experimentieren für die Mitarbeiter und mit der entschiedenen Distanzierung von einer klassischen Konzernmentalität (mehr dazu später).

Eine gelungene Markenführung kann also ganz verschiedene Wege gehen, um Kunden zur Identifikation einzuladen und ein Gemeinschaftsgefühl zu stiften. Ein vielversprechender Weg ist es, auf Spiel und Spiele zu setzen. Denn wer spielt, begegnet dem anderen auf Augenhöhe und lädt ihn auf sympathische Weise in eine virtuelle Gemeinschaft der Markenanhänger ein. Eine Markenbotschaft, die dabei zwischen den Zeilen mitgesendet wird, lautet: »Mir liegt daran, lieber Kunde, dass du eine gute Zeit hast!« Appenzeller Käse mit seinem selbstironisch-verspielten Markenauftritt, der zum Schmunzeln einlädt, ohne traditionelle Werte zu verraten, gibt dafür ein schönes Beispiel. Die Locher Brauerei mit ihren Bierschöpfungen, die Genuss durch beste Brautradition, spielerische Innovation und Brandlöscher-Spaß verbinden, ein zweites. Weitere erwarten Sie im nächsten Abschnitt.

Konsumenten begeistern: Verspielte Marken

Anders als bei verspielter Warenpräsentation oder bei spielerischen Werbeaktionen geht es im Folgenden nicht nur um punktuelle Maßnahmen, die dem Kunden das Produkt näherbringen sollen. Bei verspielten Marken sind Spiel und Produkt zu einer untrennbaren Einheit verbunden – die Marke wird über das spielerische Moment definiert.

Strategie 1: Spielerische Produktideen

Eigentlich gibt es ja schon alles. Oder? Was könnte in einer Welt, in der Jahr für Jahr zigtausend Marken eingeführt werden und ebenso viele aus den Regalen verschwinden[114], noch wirklich neu sein? Wer sich traut zu spielen, kommt tatsächlich noch auf überraschende Ideen.

Die viereckigen Melonen
Wäre es nicht schön, wenn Wassermelonen leichter zu transportieren und zu lagern und daher schlicht viereckig wären? Kein Problem – japanische Obstbauern kamen vor Jahren auf die Idee, Melonen die letzten zwei Monate in transparenten Boxen wachsen zu lassen, und japanische Kunden zahlten umgerechnet bis zu 70 Euro dafür.[115] Ein Beispiel für ein Produkt, das aus einem zunächst naiv klingenden Gedankenspiel heraus geboren wurde und bald Nachahmer fand. Inzwischen gibt es auch pyramidenförmige Früchte. Doch nicht immer führt die spielerische Produktentwicklung zu solchen exotischen Besonderheiten.

---

[114] »Im Jahr 2009 wurden in Deutschland 69 069 Marken angemeldet und 49 817 Marken im Register eingetragen, somit im Schnitt 200 Marken pro Arbeitstag«, meldet beispielsweise das Deutsche Patentamt auf seiner Website; vgl. (http://presse.dpma.de/presseservice/pressemitteilungen/aktuellepressemitteilungen/010320 10_1/index.html

[115] Quelle: www.krone.at (Artikel vom 4. August 2006, »Viereckige Melonen erobern Großbritannien«).

Die Kinder-Überraschung

Seit 1974 gibt es die Kinder-Überraschungseier des italienischen Herstellers Ferrero auch jenseits der Alpen. Weltweit werden sie in über 60 Ländern verkauft, bis heute viele Hundert Millionen Mal.[116] Die Verbindung von Schokoladenei und Spielzeuginhalt ist vermutlich eine der genialsten Produktideen der Nachkriegszeit. Mehr Spiel auf so kleinem Raum geht eigentlich kaum: Das Schokoei kombiniert Glücksspiel (Was ist drin?), Bastelmöglichkeit (bei zusammensetzbaren Inhalten) und Sammelfieber (bei den begehrten Komplettfiguren). Versuchen Sie mal, ein Kind zu finden, das die Überraschungseier nicht kennt … Auch Erwachsene lassen sich vom Sammelfieber anstecken, manche Figuren werden zu hohen Preisen gehandelt. Und vielleicht haben Sie sich auch schon über Menschen gesetzteren Alters gewundert, die während der Wartezeit an der Supermarktkasse unermüdlich Schokoeier schütteln und in der Hand wiegen, bis sie sich nach einigem Hin und Her zögernd entscheiden. Jährlich über hundert neue Überraschungen, darunter drei Figurenserien mit Namen wie Happy Hippos oder Tapsy Törtels, sorgen dafür, dass das Eier-Fieber seit vier Jahrzehnten nicht abreißt.

Die Cabrio-Bahn

Im Sommer 2012 überraschte die Stanserhorn-Bahn im Schweizerischen Stans Kunden und Fachleute mit einer »Weltneuheit«: der ersten Cabrio-Seilbahn überhaupt. Über der herkömmlichen verglasten Kabine befindet sich ein offenes Sonnendeck, das Platz für 30 Cabriofahrer bietet. Ein neuartiges Seilbahnsystem mit seitlicher Führung ermöglicht es den Fahrgästen, »unter freiem Himmel dem Stanserhorn entgegen zu schweben« und so bei der Fahrt auf den 1.900 Meter hohen Berg »ein fantastisches Rundpanorama zu genießen«, wie das Seilbahnunternehmen stolz verkündet.[117] Aktien für das 28 Millionen Schweizer Franken teure Projekt waren mehrfach überzeichnet, und der Schweizer Post war es sogar eine Cabrio-Sondermarke wert. Geboren wurde die Idee spielerisch: Bei einem Dinner, zu dem sich ein Teil der Geladenen verspätete, nutzten Stanserhorn-Bahndirektor Jürg Balsiger und Seilbahningenieur Reto Canale die Zeit und skizzierten ihre Ideen für eine neue Seilbahn auf Tischsets.[118]

---

[116] Vgl. www.ferrero.de > Markenhistorie
[117] Pressemitteilung des Unternehmens unter www.stanserhorn.ch (»Medientext Stanserhorn-Bahn«).
[118] Ebd.

 ### *Das Baumhaus-Hotel*

Eigentlich sind Baumhäuser ein typischer Kindertraum. Wer ganz viel Glück hatte, durfte als Kind mit Papa oder Opa eines bauen und hat darin beim Spielen vermutlich Ort und Zeit vergessen. Im Resort Baumgeflüster im norddeutschen Bad Zwischenahn kann jeder das nachholen und in komfortablen Holzhäusern mitten im Wald fünf Meter über dem Erdboden wohnen, umgeben von 30 Meter hohen Bäumen, »Irgendwo im Nirgendwo«, wie die Betreiber versprechen – verträumt wie zu Kinderzeiten, aber mit schickem eigenem Bad und Terrasse.[119] In der Hotelbranche scheint der Mut zum Spielen und Entwickeln neuer Ideen besonders groß, vielleicht aus der Not einer kaum noch überschaubaren Konkurrenz geboren. Mit Wellness-Angeboten oder Sonnenterrasse lockt man kaum noch jemanden hinter dem heimischen Ofen hervor. Und so kann man heute in futuristischen »Glasdiamanten« direkt über einem See wohnen[120], in »Traumröhren« kuscheln[121], in »Prinzessinnen«-, »Wald«-, »Casino«- oder »Beatnik«-Zimmern logieren[122] oder auch im »Jaguar«-Zimmer Autoträumen nachhängen[123].

 ### *Flauder, iisfee und Cola*

Die Goba Mineralquelle Gontenbad zählt zu den kleinsten Mineralwasserproduzenten in der Schweiz. Doch Goba ist ein Kleinunternehmen auf Erfolgskurs: 1999 füllte man zwei Millionen Flaschen ab, 2011 waren es bereits über 15 Millionen. Und 2012 berichtete sogar das *Wall Street Journal* über die »tiny beverage company in rural Switzerland«. Als Firmenchefin Gabriela Manser das Unternehmen 1999 von ihren Eltern übernahm, füllte man vorwiegend Mineralwasser ab. Unter ihrer Regie machte Goba mit fantasievollen neuen Produkten auf sich aufmerksam. Der Durchbruch kam mit »Flauder« (dt.: Schmetterling), einem Erfrischungsgetränk, das mit Zitronenmelisse und Holunderblüten aromatisiert und inzwischen auch in anderen Geschmacksrichtungen zu haben ist. Die experimentierfreudige Chefin kippte während

[119]   Vgl. www.baumgefluester.de
[120]   Le Vieux Manoir in Murten-Meyriez, www.vieuxmanoir.ch
[121]   Hotel Wunderbar in Arbon, www.hotel-wunderbar.ch
[122]   Hotel Goldmann in Frankfurt, www.25hours-hotels.com
[123]   Schindlerhof bei Nürnberg, www.schindlerhof.de.

einer Sitzung einfach die erwogenen Alternativen (Melisse? Holunder?) zusammen.[124]
Gabriela Manser, in ihrem ersten Leben 17 Jahre lang Kindergärtnerin und 2005 Schweizer Unternehmerin des Jahres, lanciert nicht einfach Geschmacksrichtungen, sie erfindet Geschichten dazu – von der Feenkönigin Flickflauder etwa oder von der iisfee, die den durstigen Menschen und Tieren in einer Dürreperiode zu Hilfe kommt.[125] Passend dazu lädt die Website des Unternehmens (www.mineralquelle.ch) mit Märchenbildern in »die Welt von flauder, iisfee, goba Cola und Appenzell Mineral« ein. Ja, Sie haben richtig gelesen: Mit einer kalorienarmen, weil mit Stevia-Honigkraut gesüßten Cola fordert Goba inzwischen sogar den amerikanischen Getränkeriesen heraus und beschäftigte so die internationale Wirtschaftspresse. Typisch Appenzell!

Große Erfolge beruhen häufig auf innovativen Produkten. Trauen Sie sich, spielerisch Ideen zu entwickeln? Marktforschung allein kann ein schlechter Ratgeber sein. Denken Sie an Henry Ford: »Wenn ich die Menschen gefragt hätte, was sie wollen, hätten sie gesagt schnellere Pferde.«

Strategie 2: Markenwerte durch Spiel verkörpern

Die Werte, die eine Marke dauerhaft verkörpert, machen im Verständnis von Marketingexperten ihren »Markenkern« aus. Diese Werte sind überwiegend emotional. Harley Davidson steht nicht einfach für Motorräder mit bestimmten technischen Daten, sondern für Lässigkeit, Freiheit, Abenteuer. »Was wir verkaufen, ist die Möglichkeit für einen 43-jährigen Buchhalter, sich in einen schwarzen Lederdress zu zwängen, durch kleine Dörfer zu fahren und Leuten dabei Angst zu machen«, brachte es ein Harley-Vorstand einmal auf den Punkt.[126]

---

[124] Quelle: »Abgeben ist nicht einfach«; in: *Hotel Revue* 2011, Nr 3/12.
[125] Nachzulesen sind die Geschichten bei den jeweiligen Produkten auf der Goba Website (www.mineralquelle.ch).
[126] Zit. n. Scherer, *Jenseits vom Mittelmaß.* Gabal 2009.

Brause und Spiele

»Eigentlich« ist Red Bull nur eine kalorienreiche Zuckerbrause mit Koffein, die in kleinen Aludosen für sehr viel Geld unter die Leute gebracht wird …

Falls sich in Ihnen gerade Widerstand regt, wenn Sie das lesen, hat das geniale Marketing von Dietrich Mateschitz und seinen Mitarbeitern gefruchtet. »Red Bull ist die bekannteste österreichische Weltmarke«, weiß Wikipedia[127]. Ein Blick auf die Firmenwebsite zeigt, worauf dieser Markenerfolg beruht: Wo andere Unternehmen ihr Produkt, ihre Firmengeschichte und ihre Leitsätze präsentieren, bietet Red Bull etwas ganz anderes: »Athleten & Sport«, »Teams«, »Events« und »Musik & Entertainment« heißen die Rubriken hier. Red Bull sponsert Sportarten – je extremer, desto besser. Die »Red Bull X-Fighters« füllen großen Stadien mit atemberaubenden Motorradstunts. Aber auch »Freerunning«, »BMX-Racing«, »Freestyle Motocross«, »Cliff Diving« oder Fallschirmsprünge aus knapp 30.000 Meter Höhe (»Red Bull Stratos«) stehen auf dem Programm. Red Bull veranstaltet Events wie die »Students' Boot Battle« oder »Racing Revolutions«, was natürlich unglaublich viel cooler klingt als »Wasserschlacht mit Paddelboot« oder »Radrennen mit BMX-Rad«. Nicht zu vergessen die beiden Formel-1-Teams Red Bull Racing und Scuderia Toro Rosso, die Kunstflugstaffel »The Flying Bulls«, die Events rund um Musiker wie The BossHoss, die Computerspiele wie »Red Bull Formular Race«, das erste Online-Rennspiel, das per Webcam über die Mimik gesteuert wird. In Deutschland, Österreich und der Schweiz bietet das Unternehmen dabei jeweils auch lokal abgestimmte Events an.[128]

Alles ist cool, jung, rasant, manchmal halsbrecherisch. Die ganze Marke basiert auf Spaß, sportlichem Wettbewerb und Spiel. Wenig überraschend, dass der Marketingetat höher ist als die Herstellungskosten der Brause, pardon – des »Energydrinks«. Das Wirtschaftsmagazin *Brand eins* errechnete aus der veröffentlichten Jahresbilanz 2009 Ausgaben für Marketing in Höhe von knapp einer Milliarde Euro – bei 600 Millionen Euro Produktionskosten. Spielen kann ganz schön teuer sein! (Muss es aber nicht, wie die beiden Beispiele am Schluss dieses Kapitels zeigen werden.)

---

[127]   Vgl. Wikipedia-Artikel »Dietrich Mateschitz«.
[128]   Vgl. www.redbull.de, www.redbull.ch, www.redbull.at.

 ### Bunter Gigant

Die Suchmaschine Google gehört zu den wertvollsten Marken der Welt. Das Beratungsunternehmen Millward Brown bezifferte den Markenwert 2012 auf 108 Milliarden US-Dollar.[129] Außerdem zählt Google weltweit zu den begehrtesten Arbeitgebern – in Europa rangierte das IT-Unternehmen 2011 bei einer Befragung von über 300.000 Studenten in 24 Ländern auf Platz eins.[130] Der Jahresumsatz wuchs 2011 gegenüber dem Vorjahr erwartungsgemäß wieder einmal zweistellig und belief sich auf 38 Milliarden US-Dollar. Nicht schlecht für ein Unternehmen, das erst 1998 gegründet worden ist, wie es sich in der IT-Branche gehört von zwei Studenten (wenn auch ausnahmsweise einmal nicht in einer Garage).

Die Beliebtheit von Google hängt sicherlich mit seiner Benutzerfreundlichkeit zusammen. Gleichzeitig präsentiert sich Google jedoch als freundliche Spielwiese und damit konträr zu den Bedenken einiger Datenschützer, die inzwischen von einem »Datenkrake« sprechen. Für das fröhlich-spielerische Image sorgen ein Logo in bunten Farben, die schlichte Unternehmensmaxime »Don't be evil«, eine Unternehmenskultur mit flachen Hierarchien und bunt ausgestatteten Bürogebäuden, in denen Rutschen, Kletterwände, Fahrräder, ausrangierte Seilbahnkabinen oder Großleinwände für Video-Games nichts Ungewöhnliches sind. Fotos auf der Google-Homepage zeigen weniger Büros als Spielplätze für Erwachsene.[131] 20 Prozent der Arbeitszeit, also einen Tag pro Woche, darf jeder »Googler« überdies in ein frei gewähltes Projekt investieren und dafür Unternehmensressourcen wie etwa Server nutzen. Auf diese Weise entstanden zum Beispiel Dienste wie Google-Mail oder Google-Newsreader.[132] Bei Google darf man spielen und Google bleibt selbst verspielt, signalisiert das Unternehmen immer wieder aufs Neue – nicht zuletzt durch die kleinen »Google-Doodles« auf der Eröffnungsseite, die den Google-Schriftzug verfremden und etwa den Erfinder des Reißverschlusses, das erste Autokino der Welt oder das Thronjubiläum der Queen feiern. Während der Olympiade in London präsentierte Google hier täglich ein kleines Computerspiel und animierte zum virtuellen Kanufahren, Hürdenlaufen oder Basketballspielen.[133] Kein Wunder, dass die Marke die Sympathien der Nutzer genießt und es sogar als Synonym für Suchmaschinen überhaupt in den *Duden* geschafft hat!

---

[129]   www.millwardbrown.com/brandz/2012/Documents/2012_BrandZ_Top100_Chart.pdf

[130]   Quelle: trendence Graduate Barometer Europe 2011, zit. n. Spiegel online vom 15.06. 2011 („Google ist Europas Liebling").

[131]   Vgl. www.google.de > Über Google > Unternehmen > Unsere Kultur.

[132]   Quelle: »Ein Tag für eigene Ideen«, in: *Handelsblatt* vom 30. Dezember 2010; im Internet unter www.handelsblatt.com.

[133]   Vgl. www.google.com/doodles/finder/2012/All%20doodles

Von der Hubertus-Legende zum Partygetränk

Einst wurde ein wilder Jägersmann von einem weißen Hirsch zum Christentum bekehrt. Im Geweih des Tiers strahlte ein Kreuz, das den Jäger Hubertus zukünftig vom Schießen abhielt und zum christlichen Missionar werden ließ. Am Anfang der Marke Jägermeister, in den Dreißigerjahren des letzten Jahrhunderts, stand bereits eine Story, die zu einem ungewöhnlichen Etikett mit Hubertushirsch und Kreuz und zu einer robusten Flasche im Grün des Jägerrocks führte. Beides passte für den Erfinder Curt Mast ausgezeichnet zu einem hochprozentigen Kräuterlikör. Die Marke gibt es immer noch, aber neue Geschichten haben die alte in den Hintergrund gedrängt, denn Jägermeister drohte zu einer Altherrenmarke zu werden, zum »Verdauungsschnaps« für Skatrunden und Stammtische.

Heute ist Jägermeister ein Party- und Szenegetränk, das in über 80 Länder weltweit exportiert wird. Die Marke hat sich durch eine spielerisch-humorvolle Marketingstrategie neu erfunden, beispielsweise durch die sprechenden Hirsche Rudi und Ralph, die Party machen, coole Sprüche klopfen und mit der angestaubten Hirschromantik gründlich aufräumen. Der neue Werbeslogan zu Beginn des 21. Jahrhunderts lautete passend dazu: »Achtung wild!« Viele dieser Spots sind auf Youtube zu finden. Schon in den Siebzigerjahren begann Jägermeister mit Sport-Sponsoring (Autorennen, Fußball). Man ersann eine freche Werbekampagne (»Ich trinke Jägermeister, weil ich für Schnapsideen immer was übrig habe« und 3.500 (!) weitere Texte), schickte aufreizend gekleidete »Jägerettes« durch Clubs, inspirierte Rockbands wie die Toten Hosen (*Zehn kleine Jägermeister*, 1996) und ist daher heute auf Rockkonzerten und bei Open-Air-Events zu Hause.[134] Der Markenrelaunch glückte, weil man bei Jägermeister unerschrocken experimentierte und spielte, etwa Rennwagen orange anmalte, Wortspiele plakatierte, »Jägermeister Ice Cold Events« veranstaltete, Trickfilme mit sprechenden Hirschen drehte und vieles mehr. Auch die aktuelle Website ist spielerisch animiert und zielt eindeutig nicht auf ein älteres Kneipenpublikum ab (www.jaegermeister.de).

---

[134] Vgl. »Wenn die Jägerettes kommen«, in: *Financial Times Deutschland* vom 27. September 2003,

Das bunte Ei

Die bisherigen Beispiele könnten den Eindruck erwecken, ein spielerischer Markenaufbau sei vorwiegend etwas für Großunternehmen. Dass das nicht stimmt, beweist die bereits mehrfach erwähnte Geschichte des Pike Place Fishmarket. Hier gelang es einem Einzelhändler, seinen Fischstand durch eine spielerische Inszenierung weltbekannt zu machen. In der Trainings- und Beratungsbranche hat es mein Kollege Ralf Strupat geschafft, seiner Botschaft »Mehr Begeisterung!« auf spielerische Weise Aufmerksamkeit zu verschaffen. Dabei spielt ein buntes Ei eine zentrale Rolle. Die Grundidee: Wer Kunden begeistern will, muss sie positiv überraschen, ihnen mehr bieten, als sie erwarten. Doch in der Praxis gleicht der Service vieler Unternehmen dem ihrer Mitbewerber wie ein Ei dem anderen. Die Lösung für mehr Kundenbegeisterung (und mehr Umsatz) lautet daher: Werden Sie ein buntes Ei im eintönigen Ei(n)erlei! Ein Ei in fröhlichen Regenbogenfarben steht im Mittelpunkt des Markenauftritts von Ralf Strupat. Es lugt auf der Website hervor; es ziert das Cover des ersten Buches, das natürlich *Das bunte Ei* heißt, und prangt auch auf dem zweiten, in dem es um Mitarbeiterbegeisterung geht (*Der Eiertanz*). Es lässt sich in Vorträgen und Seminaren als mentaler Anker einsetzen. Es ziert das Firmenschild. Und raten Sie mal, was Ralf Strupat auf einem seiner Pressefotos in der Hand hält? Genau … Außerdem arbeitet er gern mit weiteren Metaphern, wie etwa der vom »Begeisterungsland«. So heißt übrigens auch sein Seminar- und Geschäftshaus. Mehr unter www.begeisterung.de.

Kinderpapeterie »Piratenschiff«

Ein weiteres Beispiel für einen spielerischen Gesamtauftritt abseits der Welt großer Unternehmen ist die Papeterie »Zum Schiff« in St. Gallen. Um angesichts der wachsenden Konkurrenz von Kaufhäusern und Einkaufszentren kleine und große Kunden ins Geschäft zu locken, gestaltete man dort den ersten Stock als Abenteuer-Papeterie für Kinder, mit grünem Blätterwald an den Wänden, blauem Himmel an der Decke und einem Piratenschiff im Zentrum der Ladenfläche. Immer zur vollen und zur halben Stunde sorgt eine »Dschungelbox« mit animierten Tieren und Dschungelgeräuschen für noch mehr Abenteuer-Feeling. Fotos und einen passenden Online-Shop gibt es unter www.schiff.ch und www.kinderpapeterie.ch. Auf diese Weise positioniert sich das Unternehmen deutlich als eigene Marke jenseits des Massengeschäfts großer Ketten, als bunte Erlebniswelt jenseits eintöniger Regalpräsentation.

Haben Sie den Mut zu einem radikal verspielten Markenauftritt? Denken Sie daran, dass Kunden erlebnishungrig und immer auf der Suche nach etwas Neuem sind!

Machen Sie Ihr Spiel!

Starke Marken sind heute wichtiger denn je: Wer die Qual der Wahl hat, greift zum Schnäppchen – oder zu einer Marke, die ihn überzeugt!

Erfolgreiche Marken laden Kunden zur Identifikation ein, wecken Emotionen und bieten Erlebnisse. Ein spielerischer Markenaufbau ist eine Möglichkeit, all das zu erreichen.

Einige der erfolgreichsten Marken der letzten Jahre – wie etwa Google oder Red Bull – setzen auf spielerische Momente.

Ein großes Marketingbudget ist keine Voraussetzung für einen spielerischen Markenauftritt. Dass etwas Köpfchen viel Kapital schlagen kann, beweisen der Pike Place Fish Market oder die Agentur für Kundenbegeisterung von Ralf Strupat.

Ein spielerischer Markenaufbau kann zwei Wege beschreiten: die spielerische Entwicklung von Produktideen oder die Verkörperung von zentralen Markenwerten durch Spiel und Spaß.

9.   Spielerisch Verkauf trainieren

Reparaturwettbewerb statt Blockseminar!

Ein besonders lebensnahes Beispiel für spielerische Lernerfolge gibt der niederländische Psychologe und Managementberater Arne Gillert in seinem Buch *Der Spielfaktor*. Die einwöchigen Blockseminare der Eisenbahngesellschaft zur Einführung neuer Zugtypen waren bei den Zugmechanikern gefürchtet, denn das hieß fünf Tage die Schulbank drücken und sich von Ingenieuren von früh bis spät die Technik des neuen Modells erklären lassen. »Immer wieder meldeten sich einzelne Teilnehmer ausgerechnet während der Seminarwoche krank, andere schliefen während der Vorlesungen oder versuchten sich anderweitig Freiräume zu nehmen«, berichtet Gillert, der beauftragt war, eine besser funktionierende Lehrmethode zu entwickeln. Er kam auf die Idee, die Mechaniker zu fragen, was ihnen an ihrer Arbeit am meisten Spaß mache. An den Waggons herumzuschrauben und Lösungen für technische Probleme auszutüfteln, lautete sinngemäß die Antwort.

Damit war die Grundidee für eine Neugestaltung des Technikseminars geboren: Jeweils zwei Mechaniker wurden eingeladen, den neuen Zugtyp kennenzulernen. Dazu präsentierte man ihnen einen Waggon, der systematisch mit Fehlern präpariert worden war. Die Arbeitsaufgabe lautete, die Fehler zu beheben, mithilfe des Handbuchs oder durch gezielte Fragen an Fachleute. Alle relevanten Technikbereiche wurden durch die eingebauten Fehler berücksichtigt. Statt die Schulbank zu drücken, schickte man die Mechaniker also auf eine technische Entdeckungsreise. Der Plan ging auf: Der Ehrgeiz der Monteure war geweckt. Rasch entwickelte sich ein Wettbewerb unter den Teams, welches Duo welche Fehler am schnellsten beheben konnte. Und dafür genügte ein einziger Seminartag pro Team statt bisher fünf![135]

Warum ich Ihnen das erzähle? Weil ich glaube, dass kaum ein Verkäufer auf die Frage, was ihm Spaß macht, antworten würde: in einem Gruppenseminar von einem Verkaufstrainer von früh bis spät die Regeln für erfolgreiches Verkaufen referiert zu bekommen. Für viele Verkäufer ist das Stichwort »Verkaufstraining« identisch mit »vor der Gruppe stehen und sich blamieren«. Das muss sich ändern!

---

[135]   Vgl. Gillert, *Der Spielfaktor*, S. 101 ff.

»Ernst ist das Leben, heiter ist die Kunst«, so Friedrich Schiller. Salopp gesagt: Wo die Arbeit beginnt, hört der Spaß auf! Nach dieser Maxime wird auch in vielen Seminaren verfahren, in denen ein Trainer mit großem Ernst erklärt, worauf beim Verkauf zu achten sei, während die 15 oder 20 Teilnehmer weitgehend zum Zuschauen und Zuhören verdammt sind. Wie viel wird dabei tatsächlich gelernt? Finden die eigenen Notizen und imposanten Seminarunterlagen den Weg in die Praxis oder werden sie zu Hause abgeheftet und dann vergessen? Die Frage des erfolgreichen Transfers bewegt Weiterbildungsexperten und Personalverantwortliche seit Jahrzehnten. Interessanterweise greift man schon länger auf Spielelemente zurück, um zu verhindern, dass das Gelernte bereits auf der Heimfahrt verblasst und im Verkaufsalltag kaum Wirkung zeigt. Rollenspiele beispielsweise sind inzwischen fester Bestandteil der meisten Seminare und Trainings. Im Spiel soll das empfohlene Verhalten eingeübt und gefestigt werden.

Wer spielt, lernt mehr

Die meisten wirklich lebenswichtigen Dinge erlernen wir spielerisch: Sprechen. Laufen. Greifen. Essen. All das funktioniert irgendwann – und zwar ganz ohne Hausaufgaben, Noten und Zertifikate. Das spielerische Ausprobieren und Sammeln von Erfahrungen scheint nicht die schlechteste Lernmethode zu sein, denn die »Durchfallquoten« in diesen Alltagsdisziplinen sind gering. Das ändert sich erst in der Schule, wenn Lernen vielfach bedeutet: stillsitzen, zuhören, mitschreiben. Dass dies nicht die optimale Didaktik ist, hat sich inzwischen herumgesprochen. Auch hinter dem Seminareinsatz von Rollenspielen steckt ein vertieftes Verständnis davon, wie Menschen tatsächlich lernen. Lernen ist mehr als nur Wissen anhäufen, erfolgreiches Lernen bewirkt eine Verhaltensänderung. Es genügt nicht, viele französische Vokabeln und Grammatikregeln zu kennen; erfolgreich »Französisch gelernt« hat jemand, der sich auf der Straße, im Büro, am Telefon französisch unterhalten kann (und das möglichst auch gerne tut und sich nicht darum drückt). Verkaufsseminare müssen sich ebenfalls daran messen lassen, ob sich die Teilnehmer hinterher beim Verkaufen anders und möglichst erfolgreicher verhalten als vorher.

Über das Lernen sagt Gerald Hüther, ein bekannter Hirnforscher: »Dadurch, dass man von außen zieht und drückt oder es mit Wissen abfüllt, verändert sich kein Gehirn. Viel wichtiger ist: Es muss unter die Haut gehen.« Und Neurobiologe Henning Scheich betont, der Weg ins Langzeitgedächtnis (und damit nachhaltiges Lernen) funktioniere ausschließlich über Emotionen.[136] Ein drastisches Beispiel ist das kleine Kind, das auf die Herdplatte tippt und erschreckt zurückzuckt. Auch wenn Mutter oder Vater vorher schon ein Dutzend Mal gewarnt haben, geht die eigene Erfahrung tiefer und führt mit größerer Sicherheit zu einer Verhaltensänderung (Herdplatte meiden!).

Welche Emotionen wecken klassische Rollenspiele? Begeisterung gehört jedenfalls selten dazu, wenn ein Trainer ankündigt: »So, und das probieren wir jetzt mal im Rollenspiel!« Die Reaktionen reichen von leisen Seufzern über Augenrollen bis hin zum Vortäuschen dringender Handy-Anrufe. Zwar beherzigt das Rollenspiel eine uralte didaktische Weisheit, die Konfuzius schon vor über zwei Jahrtausenden formulierte: »Sage es mir, und ich werde es vergessen. Zeige es mir, und ich werde es vielleicht behalten. Lass es mich tun, und ich werde es können.« Das Seminar-Rollenspiel versetzt die Teilnehmer aber auch auf eine Bühne. Das ist vielen Menschen unangenehm, besonders wenn sie sich hinterher noch der Manöverkritik der anderen stellen müssen. Die fällt oft harscher aus als das behutsame Feedback eines erfahrenen Trainers oder Coachs. Meist lassen sich zögerliche Teilnehmerreaktionen auf Rollenspiele rasch überwinden, wenn man erst einmal begonnen hat und wenn der Trainer es vorher verstanden hat, eine gute Seminaratmosphäre zu schaffen.

Ich habe nichts gegen klassische Rollenspiele, manchmal setze ich sie auch selbst ein. Man sollte sich allerdings bewusst sein, dass es dabei nicht immer gelingt, die Lernsituation vergessen zu machen und die Teilnehmer zum echten, genussvollen Spielen zu bewegen. Denn nicht nur negative Emotionen (wie beim Griff auf die heiße Herdplatte), sondern auch positive Gefühle stoßen Verhaltensänderungen an. Eindrucksvolle Beispiele dafür liefern die Experimente der »Fun Theory«. Dahinter verbirgt sich eine Initiative der Volkswagen AG, die nach dem Motto »Fun is the easiest way to change people's behavior for the better« Ideen im öffentlichen Raum umsetzt und schaut, was passiert:

➤ So installierte man den »tiefsten Mülleimer der Welt«, der einen langgezogenen Pfeifton mit anschließendem Plumpser von sich gab, wenn jemand etwas hineinwarf. Ergebnis: In der Tonne landeten 72 Kilo Müll pro Tag statt der durchschnittlichen 41 Kilo.

---

[136] Anja Dilk/Heike Littger, »Playducation«; in: *GDI Impuls. Wissensmagazin für Wirtschaft, Gesellschaft, Handel* Nr. 3/2010, S. 37 ff., hier S. 37 und S. 38.

➤ Man baute in einem U-Bahn-Zugang eine »Pianotreppe« mit schwarz und weiß beklebten Stufen-»Tasten«, die beim Betreten Töne erzeugten. Ergebnis: 66 Prozent mehr Menschen nahmen die Treppe statt der benachbarten Rolltreppe, um die U-Bahn zu verlassen.

➤ Man funktionierte einen Altglascontainer zum Flaschen-Spielautomaten um: Wer seine Glas entsprechend der blinkenden Anzeigen in verschiedene Slots warf, sammelte Punkte. Ergebnis: Statt zweier Nutzer wie beim nächstgelegenen Container entsorgten hier im gleichen Zeitraum annähernd 100 ihre Flaschen. [137]

Spaß und ein Spielangebot bewirken offensichtlich mehr als verbale Appelle. Die witzigen Alltagserlebnisse der Fun Theory werfen allerdings auch die Frage nach der dauerhaften Wirksamkeit auf: Gewöhnt man sich an das Erlebnis und fällt bald wieder in alte Gewohnheiten zurück? Steigt man zukünftig mehr Treppen, auch wenn diese nicht klimpern? Neurobiologe Scheich hat da seine Zweifel. [138]

Halten wir fest: Spaß und Spiel können helfen, Menschen aus ihren Gewohnheiten herauszulocken. Damit sich auf spielerische Weise dauerhafte Verhaltensänderungen einstellen, müssen meiner Erfahrung nach aber noch folgende Voraussetzungen erfüllt sein:

➤ Die Spielsituation muss eine Herausforderung bieten. Das Spiel sollte also nicht zu einfach sein – sonst drohen Langeweile und ein rasches Spielende. Es darf aber auch nicht zu schwer sein – sonst drohen Frust und ebenfalls ein schneller Spielabbruch.

➤ Die Spielsituation sollte auf fantasievolle und intensive Weise ein Probehandeln ermöglichen, das nachher im Alltag umgesetzt wird. Im Idealfall bietet das Spiel eine Belohnung für das eingeübte Handeln. Das Spiel macht also erlebbar, warum es sich lohnt, alte Gewohnheiten abzustreifen und neue Verhaltensweisen zu erproben. Anders ausgedrückt: Das Spiel motiviert, Neues auszuprobieren.

➤ Die Spielsituation sollte strukturiert und durchdacht sein, damit sie neben Spaß auch die beabsichtigten Lernwirkungen zeitigt. Gute Spiele können richtig Arbeit machen!

Im Folgenden stelle ich Ihnen einige Spielformen vor, bei denen Lernen zum Thema Verkauf mit Spaß verbunden ist und das Gelernte im Ernst des Alltags Bestand hat.

---

[137] www.thefuntheory.com
[138] Vgl. Anja Dilk/Heike Littger, »Playducation«; a. a. O., S. 38.

Verkaufsseminare der neuen Art: Spiele

Die Frage nach der Motivation im Verkauf ist ein Dauerbrenner: Wie könnten die Rahmenbedingungen und Voraussetzungen aussehen, unter denen Verkäufer mit Engagement, möglichst sogar mit Begeisterung verkaufen? Alle bisher vorgestellten Beispiele für spielerische, kundenbegeisternde Verkaufsstrategien setzen engagierte Verkäufer voraus. Fantasie, Kreativität, witzige Ideen und eine humorvolle Kundenansprache lassen sich nicht per Zielvorgabe diktieren: »Die Lacherquote am Point of Sale ist im letzten Quartal 2013 von drei auf fünf Kunden pro Tag zu steigern«?! – Das ist genauso absurd, wie es klingt. Druck und starre Vorgaben sind natürliche Feinde der Eigeninitiative, von der spielerische Strategien leben. Statt Gesprächsleitfäden und Standardsätze braucht es den Mut, Neues auszuprobieren. Das bedeutet aber auch: Wenn eine neue Haltung im Verkauf gefragt ist, brauchen wir neue Verkaufstrainings. Ich bin fest davon überzeugt, dass das klassische Ein- oder Zwei-Tages-Seminar mit Frontalpräsentation und ein paar eingestreuten Rollenspielen bald der Vergangenheit angehören wird. Wer spielend verkaufen will, lernt das am besten – spielend!

Strategie 1: Abwandlungen klassischer Gesellschaftsspiele

Spielerische Trainingsansätze im Verkauf sind (noch) Neuland. Dabei ist es überraschend, welche Wirkung sich bereits mit einer Adaption klassischer Spiele auf den Verkauf erzielen lässt.

Spannender als Monopoly

Ludoki (von ludere, lat. spielen) ist ein Brettspiel, das bekannte Spielelemente aufgreift. Vier Spieler würfeln und ziehen entsprechend des erreichten Felds Fragekärtchen. Alle Ereigniskarten kreisen um Verkaufsthemen:

➤ **Beziehungskarten** werfen Fragen zum Thema Geschäftsbeziehungen auf,

➤ **Inspirationskarten** thematisieren neue Verkaufsideen,

➤ **Herausforderungskarten** ermuntern, mutig neue Wege zu gehen,

➤ **Wissenskarten** kreisen um Erkenntnisse, Regeln und Gesetzmäßigkeiten zum Thema Verkaufen.

Die Mitspieler schlüpfen abwechselnd in die Rolle des Verkäufers (der die aktuelle Frage beantwortet), des Kunden, des Verkaufscoachs und des Chef-Coachs (als übergeordneter Beobachter). Die Nichtverkäufer sind bei jeder Antwort zu wertschätzendem Feedback aufgefordert: Überzeugt die Antwort des Verkäufers auf die ihm gestellte Frage? Hier einige Beispielfragen aus *Ludoki*:

➤ »Was tun Sie, wenn ein Kunde während des Gesprächs immer wieder ans Telefon geht?«

➤ »Das Produkt des Mitbewerbers ist 15 Prozent günstiger bei fast gleicher Leistung. Was machen Sie, um im Rennen zu bleiben?«

➤ »Damit Verkäufer über lange Zeit erfolgreich sind, braucht es Eigenschaften und Fähigkeiten. Nennen Sie fünf davon, die für Sie wesentlich sind!«

➤ »Wie hoch ist Ihre Abschlussquote? Rechnen Sie einmal nach, welchen Aufwand Sie betreiben müssen, um einen einzigen Abschluss zu realisieren.«

Anders als im klassischen Verkaufsseminar sind bei *Ludoki* alle Teilnehmer ständig gefordert und aktiv. Dabei entspinnt sich nach kurzer Zeit eine lebhafte Diskussion mit intensivem Erfahrungsaustausch – Wissen wird wirklich geteilt! Der Rollentausch führt zum erhellenden Perspektivwechsel, schärft etwa das Bewusstsein für die Kundensicht. Das direkte Feedback führt dazu, dass jeder Teilnehmer mit einer Fülle von Anregungen nach Hause fährt. Und der Wettbewerbsgedanke ermuntert auch jene, ihre Expertise zu lüften, die im klassischen Seminar ihr Wissen lieber für sich behalten. Denn wer spielt, will auch gewinnen! Ganz nebenbei wird eine mutigere, flexiblere Haltung zum Verkaufen gefördert, denn für viele Fragen gibt es keine allgemeingültige, einzig »richtige« Lösung, sondern verschiedene Herangehensweisen. Zu sehen, wie ein Kollege auf andere Weise Erfolge erzielt, ermuntert so zum spielerischen Ausprobieren neuer Ideen.

Das Spiel wird von der Schweizerischen Ludoki GmbH lizenziert, die in Zusammenarbeit mit verschiedenen Sales Coachs offene Spieleabende in Deutschland und der Schweiz organisiert (www.verkaufsspiel.com). Wie mitreißend das Spiel ist, erlebe ich als einer der Coachs selbst immer wieder. »Was – schon zu Ende?! Schade«, ist die typische Teilnehmerreaktion, wenn ich nach dreieinhalb Stunden das Schlusssignal gebe. Die Zeit verfliegt, weil das Spiel Lernen mit Spaß verbindet. Nicht selten wünschen Teilnehmer sich eine Zugabe. Und da ganz nah an der Praxis geübt und großer Wert auf wertschätzendes Feedback gelegt wird, habe ich an der gelungenen Umsetzung im Alltag keinerlei Zweifel.

Eine spannende Alternative zum Verkaufsspiel ist *Pro4SMemo*, ein Brettspiel »für mehr Unternehmertum« der Schweizer Beratungsfirma Pro4S, das unternehmerische Zusammenhänge verdeutlicht und Gruppen von vier Teilnehmern bis zur gesamten Belegschaft in einen lebendigen Austausch verwickelt und hierarchieübergreifend den Zusammenhalt fördert. Es eignet sich auch für den Einsatz im Vertrieb (www.pro4s.com > Leistungen & Produkte). Das Stuttgarter Unternehmen BTI Business Training International bietet Plan-Brettspiele für verschiedene Branchen, darunter das Verkaufsspiel *SalesACTivity*, das Verkäufer im B2B-Bereich für Kundenanforderungen sensibilisieren soll (www.bti-online.com > Planspielverzeichnis). »Haptische Planspiele«, also Unternehmensplanspiele, die nicht mit Computersimulationen, sondern mit einem Spielbrett arbeitet, hat auch die Technische Hochschule Mittelhessen entwickelt. Bei den Spielen *Ataris* und *Mercaris* stehen allerdings allgemeine betriebswirtschaftliche Kenntnisse im Vordergrund (http://unternehmensplanspiel.net). Die Game Solution AG mit Niederlassungen in der Schweiz, Deutschland und China bietet Unternehmen die Entwicklung passgenauer Planspiele und Simulationen (www.gamesolution.ch).

In der Managementausbildung werden Planspiele übrigens schon seit den späten Fünfzigerjahren eingesetzt, etwa durch Spielentwicklungen eines McKinsey-Mitarbeiters (G. R. Andlinger, *Business Management Game*) und der American Management Association (*Top Management Decision Simulation*). Die *Frankfurter Allgemeine Zeitung* schätzt, dass heute etwa 1.500 bis 2.000 Unternehmensplanspiele auf dem deutschsprachigen Markt im Einsatz sind.[139] Seit 2001 sind deutschsprachige Spielentwickler im Verein Sagsaga organisiert (www.sagsaga.org). Er bietet auf seiner Website eine Übersicht zahlreicher Spiele zu verschiedenen Branchen und Geschäftsbereichen, doch das Thema Verkaufen sucht man leider vergeblich (Link: > Planspiele > Produkte). Spielerisches Lernen ist also eine bewährte Idee, und im Verkauf wäre da noch viel mehr vorstellbar als zurzeit im Einsatz ist!

---

[139] Nadine Bös/Marco Dettweiler, »Unternehmensplanspiele: Manager ärgere Dich nicht«, in: *Frankfurter Allgemeine Zeitung* vom 18. Mai 2010; im Internet unter www.faz.net.

Motivierender als Psychotests

Nicht nur im Verkauf gilt: Wer im Beruf seine Stärken einsetzen kann, arbeitet motivierter, engagiert sich mehr. Persönlichkeitstests wie der MBTI (Myers-Briggs-Typenindikator) oder das DISG-Profil gehören daher zu den klassischen Instrumenten der Personalentwicklung. Während hierbei die Testsituation schnell den Charakter einer Prüfung bekommt, ermuntert beim *Motivations- und Stärkenspiel* ein Kartenset zum unverkrampften Austausch über persönliche Talente. Das Spiel besteht aus 80 Karten, auf denen je eine Stärke (etwa entscheidungsstark, genau, Anteil nehmend) notiert ist. Die Begriffe orientieren sich dabei an den Eigenschaftsprofilen des DISG (DISG steht für die Dimensionen dominant, initiativ, stetig, gewissenhaft.)

Zu Beginn erhält jeder Spieler fünf Karten. Die restlichen werden mit der Vorderseite nach unten auf den Tisch gelegt, sodass die Stärken verdeckt sind. Der erste Spieler, der gemeinsam bestimmt worden ist, zieht eine weitere Karte vom Stapel. Anschließend wählt er aus seinen nun sechs Karten diejenige, die am wenigsten auf ihn zutrifft, und überreicht sie dem Mitspieler, zu dem sie seiner Überzeugung nach besser passt. Dazu erklärt er seinem Gegenüber, warum er gerade ihm oder ihr diese Karte gibt. Passt die Karte zu niemandem, wird sie auf einen getrennten Stapel gelegt und der Spieler zieht eine neue Karte. Der Empfänger legt die Karte offen vor sich hin. Es wird reihum so lange weitergespielt, bis der Stapel verbraucht ist.

Jeder Spieler hat am Schluss eine Reihe von Karten vor sich liegen, die ihm seine Mitspieler überreicht haben, sowie fünf Karten in der Hand, die seine selbst gewählten Stärken benennen. Diese »Selbstbild«-Karten legt jeder am Ende ebenfalls offen vor sich hin, am besten unter die »Fremdbild«-Karten der anderen. Die Spieler diskutieren, was ihnen besonders auffällt und welche Unterschiede sich zwischen Selbst- und Fremdbild abzeichnen. Abschließend erstellt jeder Spieler eine Liste jener acht Stärken, die er selbst für seine typischsten hält. Optimal für dieses Spiel sind fünf Teilnehmer; es nimmt dann etwa eine Stunde in Anspruch. Das Kartenset und weitere Spielvarianten gibt es unter www.fish.ch.

Das Spiel fokussiert positive Eigenschaften und stärkt daher das Selbstvertrauen als zentrale Erfolgskomponente im Verkauf. Den meisten Menschen fällt es vergleichsweise leicht, ihre (tatsächlichen oder vermeintlichen) Schwächen zu benennen. Nach ihren

Stärken gefragt, sind sie oft ratlos und kommen höchstens auf drei oder vier. Beim *Motivations- und Stärkenspiel* machen viele von ihnen außerdem die Erfahrung, dass sie weit positiver gesehen werden, als sie vermutet haben. Das Spiel kann so dazu ermuntern, seine Stärken bewusst einzusetzen und die bisherige Komfortzone zu verlassen. Entsprechende Leitfragen für die Diskussion können die verkäuferischen Einsatzmöglichkeiten bestimmter Eigenschaften ins Bewusstsein rücken.

Einfacher Eisbrecher

Das Memory-Spiel, bei dem es darum geht, durch Aufdecken identischer Motive Kartenpaare zu bilden, kennt eigentlich jeder. Es sorgt schon deshalb für Lacher, weil viele Teilnehmer von der dreijährigen Nichte oder vom vierjährigen Sohn vernichtend geschlagen wurden und schmunzelnd darüber berichten. Um Teilnehmer zu motivieren, sich über das Thema Verkauf und ihre Einstellung dazu auszutauschen, setze ich ein *Fish!*-Memory mit bunten Motiven und Kernsätzen wie »Lächeln ist übertragbar«, »Emotionales Erlebnis schaffen« oder »Jeden Moment präsent sein« ein. Wer ein Kartenpaar gebildet hat, erläutert seine Gedanken zu dessen Inhalt. Auf diese Weise kommen Teilnehmer schnell miteinander in Kontakt, und der Austausch macht mehr Spaß.

Viele Gesellschaftsspiele können umfunktioniert werden, um Verkaufsinhalte lockerer zu vermitteln, die Teilnehmer zu aktivieren und den Austausch untereinander in Gang zu bringen – ob *Montagsmaler* (einer zeichnet, die anderen raten den Begriff), *Wer wird Millionär?* (zur Vermittlung von Fachwissen) oder *Tabu* (Begriffe erklären unter Vermeidung vorgegebener »Tabu-Worte«). Vorstellbar ist im letzten Fall eine Verkaufsversion mit entsprechenden Tabubegriffen zum Trainieren einer kundenorientierten Gesprächsführung.

Welches Verkaufsspiel spricht Sie spontan an und könnte Ihr Verkaufsteam beflügeln?

Strategie 2: Abenteuer-Exkursionen ins »echte Leben«

An Gesellschaftsspiele angelehnte Trainingsspiele sind geeignet, gängige Routinen aufzubrechen und neues Verkaufsdenken zu fördern. Die Hemmschwelle fürs Mitmachen
ist niedrig, weil die Spielsituation vertraut ist. Herausfordernder sind dagegen die beiden
folgenden Spiele, die Mut und Fantasie der Teilnehmer hervorkitzeln und ihnen bewusst
machen, was alles möglich ist – wenn man sich nur traut!

»Hans im Glück«

Vermutlich kennen Sie das Märchen vom Knecht Hans, der als Lohn für sieben Jahre Arbeit von seinem Herrn einen Goldklumpen bekommt. Auf dem
Weg nach Hause zu seiner Mutter tauscht er das Gold gegen ein Pferd, das
Pferd gegen eine Kuh, die Kuh gegen ein Schwein, das wiederum gegen eine Gans und
das Federvieh am Ende gegen einen Wetzstein. Der schwere Stein fällt ihm schließlich
in einen Brunnen und Hans springt »mit leichtem Herzen und frei von aller Last« nach
Hause. Während der Hans im Märchen am Ende mit leeren Händen dasteht, fordert das
gleichnamige Seminarspiel die Teilnehmer heraus, »hinaus in die Welt« zu ziehen und
ihre Ausgangsausrüstung zu vermehren. Einen Klumpen Gold gibt es dabei nicht, sondern gewöhnliche Alltagsgegenstände im Wert von etwa 20 bis 30 Euro – beispielsweise
eine Packung Papiertaschentücher, Seife, Kugelschreiber, Zahnbürste, Hustenbonbons
… Die Aufgabe lautet: Machen Sie möglichst viel aus diesem Startkapital, indem Sie mit
Fremden, die Ihnen draußen begegnen, tauschen. Es gilt die eherne Regel, dass Freunde und Bekannte als Tauschpartner ausscheiden. Dabei treten mehrere Seminargruppen
von drei bis fünf Teilnehmern gegeneinander an, und man trifft sich nach anderthalb bis
zwei Stunden wieder im Plenum.

Wenn ich dieses Spiel vorschlage, schwanken die Reaktionen vieler Teilnehmer zwischen Unglauben und Empörung, doch einige bekommen sofort ein abenteuerlustiges
Funkeln in den Augen und reißen die anderen mit. Nach der Tauschexkursion präsentiert
jede Gruppe ihre Ernte im Plenum, und man diskutiert über Erfolge, Misserfolge und deren Ursachen. Sehr schnell rücken dabei Ideen, »mal was anders« zu machen und »etwas zu wagen« in den Vordergrund.

Was das mit verkaufen zu tun hat? Eine Menge! Denn bei »Hans im Glück« geht es darum, offen auf andere zuzugehen, geschickt zu kommunizieren, eine Beziehung zu knüp-
fen, zu verhandeln, einen Abschluss zu erzielen. Die Strategien der Gruppen sind vielfältig und oft überraschend. Eine der erfolgreichsten Gruppen marschierte beispielsweise
in ein nahe gelegenes Einkaufscenter und becircte die Dame am Infopoint, die Aktion

per Lautsprecher bekannt zu machen. Binnen weniger Minuten stellten sich zahlreiche Tauschwillige ein und der Umsatz entwickelte sich rasant!

Sie ahnen es: Bei diesem Spiel kommt es mir darauf an, alte Gewohnheiten aufzubrechen, Menschen aus ihrer Routine herauszulocken, eine spielerische Haltung zum Thema Verkaufen zu wecken. Außerdem schweißt die ungewöhnliche Herausforderung eingefahrene Teams auf ganz neue Weise zusammen. Und wer einmal erlebt hat, dass ungewöhnliche Wege zu ungewöhnlichen Erfolgen führen können, wird im Alltagsverkauf zukünftig auch mehr Mut aufbringen. Spielerische Verkaufserfolge stellen sich gern ein, wenn erst einmal das Kind im Verkäufer wachgekitzelt ist!

»Wir sorgen fürs Dessert«

Auch dies ist eine gute Übung, um Experimentierfreude und Fantasie zu befeuern: Zu Beginn des Spiels wird die Seminargruppe in Kleingruppen von drei bis fünf Teilnehmern aufgeteilt, am besten nach dem Zufallsprinzip (also per Los oder durch einfaches Durchzählen). Jede Gruppe erhält von Seminarleiter 20 Schweizer Franken bzw. 15 Euro. Die Aufgabe: Mit diesem Budget innerhalb von 90 Minuten ein Dessert für die Gruppe zu zaubern. Dabei dürfen weder Hotels, Restaurants oder Kantinen eingespannt noch heimlich der Etat erhöht werden. Auch hier erweisen sich zunächst »verrückt« scheinende Wege oft als Überraschungserfolge. Eine Gruppe beispielsweise kaufte Zutaten für eine herrliche Schokoladenmousse, klingelte an verschiedenen Haustüren und bat, die Küche benutzen zu dürfen. Beim vierten oder fünften Versuch klappte es. Menschen zu überzeugen, einem einfach so die eigene Küche zu überlassen – das verlangt wirklich verkäuferisches Talent! Viel wichtiger aber ist die Erfahrung, dass man auch auf schräge Weise aus Gewohnheiten ausbrechen kann, ohne dass der Himmel über einem einstürzt.

Spielend verkaufen setzt eine spielerische Haltung voraus! Sind Sie bereit für den Crash-Test? Dann gehen Sie mit Ihrem Team auf entsprechende Erlebnisexkursionen!

Mit den beiden vorgestellten Strategien ist das Thema »Spielerisch Verkauf trainieren« längst nicht ausgeschöpft. Ich bin überzeugt, dass wir in den nächsten Jahren eine Reihe von weiteren Spielideen in Verkaufsschulungen erleben werden. Anspruchsvolle Kunden erfordern Verkäufer mit Fantasie und Witz, und die wiederum brauchen mehr als Standardtrainings!

Machen Sie Ihr Spiel!

Wer auf spielerische Weise verkaufen möchte, ist auf Mitarbeiter angewiesen, die sich trauen zu spielen und Ideen beizusteuern.

Spiele ermöglichen neue Erfahrungen, risikoloses Ausprobieren neuer Handlungsweisen. Richtig angelegt, erleichtern Sie den Transfer in die Verkaufspraxis, weil unmittelbar praxisrelevantes Verhalten geprobt wird.

Spiele fördern den gegenseitigen Austausch und bieten Erfolgserlebnisse. Sie füllen Seminarräume mit Spannung und positiven Emotionen statt mit Langeweile!

Beispiele für spielerische Verkaufstrainings sind:

➤ Varianten klassischer Gesellschaftsspiele, die auf die Verkaufssituation zugeschnitten sind,

➤ »Abenteuer-Exkursionen«, die dazu ermuntern, andere Menschen auf ungewöhnliche Weise und humorvoll anzusprechen, und so ein neues, spielerisches Denken im Verkauf fördern.

Teil III: Spiele entwickeln

»Wir hören nicht auf zu spielen, weil wir alt werden.
Wir werden alt, weil wir aufhören zu spielen.«

George Bernard Shaw

10. Spielvoraussetzungen

Wer trägt schon freiwillig Mickey-Mouse-Ohren?

Wer jemals in Disneyland war und kein unverbesserlicher Spaßfeind ist, konnte gar nicht anders, als sich von der bunten, fröhlichen Atmosphäre dort anstecken zu lassen. Dabei ist es ziemlich gleichgültig, ob man 7, 17 oder 77 Jahre alt ist. Ob Mickey Mouse oder Mäusefreundin Minnie, Donald Duck oder Snow White, hier erwachen die Disney-Helden zum Leben und sind jederzeit für einen Spaß zu haben. Auch die Servicemitarbeiter sind auffallend zugewandt und freundlich; alle scheinen mit Freude bei der Sache. Das steckt unweigerlich an. Ganz anders die Atmosphäre in einem Disney-Store auf einer der größten Einkaufsmeilen in Deutschland, der Frankfurter Zeil. Die Lage war bestens, die Warenpräsentation grandios. Ein meterhohes Mickey-Mouse-Emblem zierte die imposante Fassade. Alle Produkte waren in aufwendige Themenwelten eingebettet, und man hätte hier bestimmt für einen kurzen Moment in die Disney-Märchenwelt eintauchen können … – wären da nicht die Verkäufer gewesen, die offenbar von der Geschäftsleitung allesamt zum Tragen schwarzer Mickey-Mouse-Ohren verdonnert worden waren. Den meisten sah man aus zehn Metern Entfernung an, was sie von der Aktion hielten: »Muss ich mich hier wirklich so zum Affen machen?!« Die Kombination aus fröhlicher Maskerade und realem Unwillen wirkte fast ein wenig gruselig. Mich wundert es nicht, dass der Store nach wenigen Jahren geschlossen wurde: Angesichts der stattlichen Preise hätte man ein echtes Erlebnis bieten müssen (wie eben in Disneyland), und keine demotivierten Verkäufer, denen Fluchtgedanken ins Gesicht geschrieben stehen.

Vielleicht wäre die Geschichte anders ausgegangen, wenn sich die Disney-Store-Geschäftsführung die Zeit genommen hätte, echte Fans zu rekrutieren, die nicht »irgendwo«, sondern gerade hier verkaufen wollten? Und vielleicht hätte es schon viel bewirkt, nicht einfach Mickey-Mouse-Kappen zu verordnen, sondern jeden selbst entscheiden zu lassen, auf welche Weise er den »Disney-Geist« umsetzen wollte? Das Beispiel lehrt jedenfalls eines: Spielend verkaufen kann man nur mit spielfreudigen Mitarbeitern!

Es funktioniert nur mit Ihren Mitarbeitern – nicht gegen sie!

Sie haben aus den bisherigen Kapiteln einige Ideen mitgenommen und sind fest entschlossen, ab morgen wird auch bei Ihnen im Unternehmen gespielt? Wunderbar – doch denken Sie daran: Spielfreude lässt sich nicht einfach verordnen. Die Aufforderung »Sei spielerisch!« ist ungefähr so sinnvoll wie der Appell, jetzt bitte mal ganz spontan zu sein. Also, worauf kommt es an, wenn Sie Ihre Mitarbeiter erfolgreich zum Spielen verleiten wollen?

Spielfreude gedeiht nur im richtigen Unternehmensklima

Spielen bedeutet, Neues auszuprobieren, etwas zu wagen, sich als Person zu exponieren. Dafür braucht es Mut und ein fröhliches Herz, und beides setzt eine Atmosphäre gegenseitigen Vertrauens voraus. Ein Mitarbeiter, der sich gegängelt fühlt, wenig Wertschätzung erfährt oder gar Angst um seinen Arbeitsplatz hat, wird kaum Lust aufs Spielen haben. Für Service und Verkauf ist ein vergiftetes Arbeitsklima verheerend, denn Mitarbeiter behandeln ihre Kunden exakt so, wie sie selbst im Unternehmen behandelt werden. Wahrscheinlich haben Sie selbst schon einmal irgendwo eingekauft, wo die Atmosphäre merkwürdig eisig war und jedes Lächeln wie eingefroren wirkte. Keine Serviceschulung der Welt kann echte Freundlichkeit herbeizaubern, wenn die Grundlagen dafür fehlen. Daraus ergibt sich zwingend Folgendes.

Gute Führung, gutes Klima

Der Schlüssel zu einem guten Unternehmensklima, das von Vertrauen, Wertschätzung und Engagement geprägt ist, ist gute Führung. Sie wissen ja, der Fisch stinkt immer vom Kopf! Was der Volksmund mit diesem Spruch auf den Punkt bringt, bestätigen die Forscher des renommierten Gallup-Instituts, deren »Engagementindex« jährlich mit erschreckenden Zahlen aufwartet.[140] Die Gallup-Experten melden nicht nur hohe Zahlen von Mitarbeitern, denen ihre Arbeit gleichgültig ist oder die sogar innerlich gekündigt haben, sondern sie sind auch den Ursachen dafür auf den Grund gegangen. Ein Fazit ihrer Studien lautet, dass »Mitarbeiter nicht Unternehmen verlassen, sondern Vorgesetzte«.[141]

---

[140] Für 2011 vgl. http://eu.gallup.com/Berlin/153299/Praesentation-Gallup-Engagement- Index-2011.aspx. Danach weist nur ein knappes Fünftel der Mitarbeiter in Deutschland ein hohes Engagement auf, knapp zwei Drittel tun gerade das Nötige (weisen eine »geringe emotionale Bindung« an das Unternehmen auf) und ein knappes Viertel hat innerlich gekündigt. Die Zahlen sind seit Jahren in etwa konstant.

[141] Buckingham/Coffman, *Erfolgreiche Führung gegen alle Regeln*, S. 28.

Führen ist also mehr als Aufgaben verteilen und Ergebnisse kontrollieren. Viel zu viele Führungskräfte führen in Wirklichkeit nicht Mitarbeiter, sondern managen Aufgaben. Doch erfolgreiche Führung ist, genau wie beim Verkaufen, in erster Linie Emotionsmanagement. Damit meine ich keineswegs Kuschelkurs und Konfliktscheu, sondern die Schaffung von Rahmenbedingungen, unter denen die meisten Menschen mit Freude zur Arbeit kommen. Dazu muss es klare Spielregeln im Unternehmen geben, die jeder kennt, und gleichzeitig befriedigende Spielräume, die dem Einzelnen die Möglichkeit geben zu zeigen, was in ihm steckt. Nur wer weiß, was gespielt wird, kann Verantwortung übernehmen. Und nur wer nicht ständig gegängelt wird, wird Eigeninitiative entwickeln.

Wenn ich in meinen Seminaren und Workshops die Teilnehmer frage, was sie motiviert, fallen immer wieder Stichworte wie die folgenden. Vielleicht prüfen Sie im Geiste mal, wie es damit in Ihrer Abteilung bestellt ist:

➤ Verantwortung,
➤ Mit- und Selbstbestimmung,
➤ eigene Ideen einbringen,
➤ Wahlmöglichkeiten,
➤ Feedback (Lob und Tadel),
➤ Anerkennung und Wertschätzung (beruflich und persönlich),
➤ konsequentes Handeln,
➤ eingehaltene Versprechen,
➤ regelmäßiger Informationsfluss/Ziele,
➤ Transparenz,
➤ Vertrauen,
➤ Klarheit,
➤ Ehrlichkeit,
➤ Zuverlässigkeit,
➤ Berechenbarkeit,
➤ Respekt,
➤ Humor,
➤ Wissen (Fertigkeiten und Training).

Kluge Vorgesetzte wissen das und sorgen für ein gutes Arbeitsumfeld. Das zahlt sich aus! Die vegetarische Restaurant-Kette Tibits beispielsweise ist eine der erfolgreichsten Unternehmensgründungen in der Schweiz. Ende 2000 eröffnet, beschäftigt sie heute knapp 300 Mitarbeiter aus 40 Nationen und bewirtet in inzwischen sechs Restaurants täglich ungefähr 6.000 Gäste. Ins Leitbild haben die Gründerbrüder – ein Ingenieur, ein Lehrer und ein Ökonom mit Abschluss an der HSG St. Gallen – exakt vier

Begriffe geschrieben: Neben »Fortschrittlichkeit« und »Zeit« stehen dort die Begriffe »Vertrauen« und »Lebensfreude«. Und Chefs sind hier nicht »Vorgesetzte«, sondern »Vorbilder«.[142] Wie der Herr, so's Gscherr.

Spielen ist (auch) Chefsache

»Vorbild« ist ein wichtiges Stichwort: Wer möchte, dass seine Mitarbeiter sich trauen zu spielen, geht am besten mit gutem Beispiel voran. Nein, ich verkaufe Ihnen hier nicht graue Theorie, sondern eigene Erfahrungen. Wie bereits geschildert, habe ich einige Jahre mit meiner Frau einen Tankstellenshop geführt und dort die Zahl der Kunden innerhalb eines Jahres um 40 Prozent und binnen fünf Jahren um 100 Prozent gesteigert. Im gleichen Zeitraum verdreifachte sich der Umsatz. Wenn das bei einer Tankstelle funktioniert, in einem hart umkämpften Markt und bei einem austauschbaren Produkt, dann funktioniert es auch bei Ihnen! Mein Team und ich erreichten das nicht durch spektakuläre Rabatte, sondern durch zahlreiche kleine Serviceverbesserungen. Wer zum Beispiel eine Flasche Wein mit Kork erwischt hatte, erhielt nicht nur Ersatz, sondern durfte sich aus dem gesamten Sortiment eine neue Flasche aussuchen. (Ich ahne, was Sie jetzt denken, und kann Ihnen versichern: Nein, das Angebot wird nicht schamlos ausgenutzt, sondern begeistert weitererzählt.)

Um den Service zu verbessern, braucht man die richtigen Mitarbeiter – gar keine Frage. Vielen Menschen muss man aber nur die Freiheit geben und mit eigenem Beispiel vorangehen, um zu zeigen, dass es einem wirklich ernst ist. Öde 08/15-Servicesätze musste bei uns niemand auswendig lernen; jeder sollte seine eigene Persönlichkeit einbringen. Die Einführung neuer Mitarbeiter war immer Chefsache, und ich stand regelmäßig auch selbst an der Kasse. Wer mich kennt, weiß, dass ich für humorvolle Sprüche und einen Lacher immer zu haben bin. So trauten sich auch die Mitarbeiter aus der Deckung und entwickelten selbst spielerische Service-Ideen, etwa die mit dem Glückskäfer (siehe Kapitel 4).

Wie sich die Geschäftsführung verhält, prägt ein Unternehmen – im negativen wie im positiven Sinne. Das gilt nicht nur in kleinen Shops, sondern es funktioniert auch im Mittelstand und im Konzern. Das Grand Casino Baden beispielsweise hat innerhalb von zehn Jahren den Spitzenplatz unter den Schweizer Casinos erobert und wurde 2011 mit dem Swiss Excellence Award ESPRIX für »Nutzen für Kunden schaffen« ausgezeichnet. Kernsatz des Leitbilds dieses Casinos ist: »Wir vermitteln spielerische Lebensfreude

---

[142] Vgl. www.tibits.ch/media/press/120519DanielFreiTibits.pdf

in einer Atmosphäre voller Spaß, Spannung und Entspannung«[143]. Dazu tragen alle bei, vom CEO Detlef Brose bis zum Servicemitarbeiter – etwa, wenn bei Fish!-Workshops gemeinsam überlegt wird, wie man die Philosophie des Pike Place Market intern und extern am besten umsetzen kann. Ein anderes Erfolgsbeispiel für eine spielerische Unternehmensphilosophie ist der Einzelhändler Migros, der schon mehrfach Thema war.

Eigene Ideen sind immer besser als fremde

Der beschriebene Disney-Store-Fehlschlag zeigt deutlich: Es ist gefährlich, Mitarbeitern spielerische Maßnahmen vorzuschreiben. Spielerische Ansätze leben auch von der Authentizität. Mein Kollege Ralf Strupat erzählt in diesem Zusammenhang die schöne Anekdote von der Hotelrezeptionistin, die nach dem Einchecken den Gast mit säuerlicher Miene fragt: »Darf ich Sie dann noch zu einem Seitensprung einladen?« Auf das verunsicherte »Wie bitte?« des Gastes erklärt sie lapidar: »Das ist ein Cocktail, und ich muss Sie das fragen.« Gut gemeint ist eben nicht automatisch gut gemacht! Jeder Mensch hat seinen eigenen Humor, persönliche Vorlieben und Talente. Das Grand Casino Baden hat das verstanden und gibt den Mitarbeitern die Möglichkeit, spielerisch das auszuleben, was ihnen Freude macht. Nur so können singende Croupiers oder Rollschuh laufende Kellner wirklich überzeugen.

Wie Sie eine spielfreudige Unternehmenskultur schaffen

Kinder muss man nicht auffordern zu spielen. Man muss ihnen nur den Raum dafür geben. Erwachsene haben das Spielen oft verlernt. Je starrer, humorfeindlicher oder sogar vergifteter ein Arbeitsklima ist, desto schwieriger ist es, die Spielfreude wieder zu wecken. Manche von Ihnen werden *Fish!* von Stephen C. Lundin gelesen haben, in dem die Fabel von Mary Jane erzählt wird, der in einem Finanzdienstleistungsunternehmen die Leitung der Abteilung »Interne Abwicklung« übertragen wird. Die ist im Haus als »Giftmülldeponie« verschrien und für schlechten Service und fehlende Kundenfreundlichkeit bekannt. Der neuen Leiterin gelingt es tatsächlich, das Klima zu drehen, indem sie ein Bewusstsein dafür schafft, dass alle davon profitieren, wenn mit Freude und Engagement gearbeitet wird. Das Buch war ein Weltbestseller, die Kritik in Europa vorhersehbar: »Banal!«, »Kitschig!«, »Typisch amerikanisch!«, so einige Amazon-Rezensenten.

---

[143] Vgl. www.grandcasinobaden.ch > Unternehmen

Kann so ein radikaler Klimawechsel in der Praxis tatsächlich funktionieren? Ich kenne das Beispiel eines Netzbetreibers im deutschsprachigen Raum, dessen Ruf kaum besser war als der der »Giftmülldeponie« in der Fish!-Geschichte. Die Kunden liefen zur Konkurrenz über, die Mitarbeiter hassten ihre Arbeit. Aus gutem Grund nenne ich den Namen hier nicht. Es musste etwas geschehen, wenn das Unternehmen überleben wollte. Und wie so oft, wenn die Karre ganz tief im Dreck steckt, siegt der Mut der Verzweiflung. Schlimmer konnte es nicht mehr kommen, warum also nicht etwas Ungewöhnliches wagen? Die Mitarbeiter erfanden in einer Krisensitzung die »Sales Pirates«, also »Verkaufspiraten«. Die Metapher brachte Farbe in den stressigen Callcenter-Alltag. Sie veränderte nach und nach die Einstellung der Menschen, die sich nicht länger als Headset-bewehrte Telefonsklaven verstanden, sondern als Umsatzeroberer mit Sportsgeist. Man führte witzige, durch den Blockbuster *Fluch der Karibik* inspirierte Aktionen durch, machte sich auf die Suche nach »Umsatzschätzen«, drehte Videos im Piratenlook. Was sich ein wenig albern anhören mag, veränderte die Stimmung in der Abteilung und das Miteinander nachhaltig. Wo früher genervt die Augen gerollt wurden, half jetzt ein flotter Piratenspruch. Wo früher gemeinsam gejammert wurde, brütete man jetzt gemeinsam über Auswegen. Der Kampfgeist war geweckt! Die Mitarbeiter hatten sich entschieden, eine andere Einstellung zu wählen, und waren damit einem wichtigen Rat der Fish!-Philosophie gefolgt (siehe Kapitel 1). Kurz: Man schaffte das, was den engagierten Mitarbeitern des Grand Casino Baden auch gelungen ist: was ohnehin zu tun ist, mit Freude zu tun. Denn auch ein Casino ist kein Arbeitsparadies. Oder würden Sie gern in Schichten in einem Zeitfenster von 13:00 Uhr mittags bis 7:30 Uhr morgens arbeiten, an vielen Tagen kein Tageslicht sehen und besonders hart arbeiten, wenn Ihre Freunde ein entspanntes Wochenende genießen?

Wenn Sie wirklich mehr Spielfreude und damit einen echten Kulturwandel in ihrem Unternehmen anstreben, können die folgenden Maßnahmen helfen.

Schlagen Sie ein neues Kapitel auf

Sagen Sie offen, was Sie vorhaben. Diskutieren Sie mit Ihren Mitarbeitern über Ihre Pläne und geben Sie einen unüberhörbaren Startschuss. Ideal ist ein Kick-off-Workshop, der anders ist als alle bisherigen Seminare, spielerischer, bunter! Lachen soll nicht nur erlaubt, sondern ausdrücklich erwünscht sein! Wenn Sie keine Ahnung haben, wie Sie das anstellen sollen: Sie wissen ja, wo Sie mich finden …

Beziehen Sie Ihre Mitarbeiter mit ein

»Betroffene zu Beteiligten machen« ist ein bewährter Grundsatz der Organisationsentwicklung. Was par ordre du mufti von oben verordnet ist, wird gern bekrittelt und ausgebremst. Was ich dagegen selbst mitentschieden und beeinflusst habe, setze ich viel eher um. Die Sales-Pirates-Metapher funktionierte zum Beispiel auch deswegen so gut, weil sie von den Mitarbeitern entwickelt wurde und viele die Geschichte spontan lustig fanden. Hätte *Ice Age* eine größere Anhängerschaft gehabt, hätte auch das sicher gut funktioniert – schließlich gleicht der scharfe Wettbewerb in der Telekommunikationsbranche durchaus einer Eiszeit, die man in einer Gruppe von Kumpeln besser übersteht.

Lassen Sie Worten Taten folgen

Definieren Sie Leitplanken und gewähren Sie Freiräume. Auch in spielerischen Unternehmen darf nicht jeder machen, was er will. Wie in jedem guten Spiel gibt es Regeln, und diese sollten für alle klar und unmissverständlich sein. Es lohnt sich, diesen Kodex gemeinsam zu erarbeiten und schriftlich niederzulegen. Damit meine ich aber nicht gut gemeinte Leitbilder, die den »Mitarbeiter in den Mittelpunkt« stellen und vage »offene Kommunikation« geloben, sondern ganz pragmatische Vereinbarungen, zum Beispiel: Wie handhaben wir die Arbeitszeit? Wie schnell reagieren wir auf Telefonate? Wie und wann planen wir spielerische Organisationen? Wie entscheiden wir, was umgesetzt wird? Testen wir Spielideen vorab und wenn ja, wie? Wie behandeln wir Reklamationen? Wie hoch ist der Entscheidungsspielraum der Mitarbeiter, beispielsweise bezüglich der Summe, über die sie bei Kundenbeschwerden selbst entscheiden können? Sie sehen schon: Wenn Sie Vertrauen gewinnen wollen, müssen Sie auch Vertrauen schenken.

Setzen Sie Gewohnheiten und spaßfeindliche Regeln außer Kraft

Routine und Gewohnheiten haben zwei Seiten: Sie geben Sicherheit, aber sie engen auch ein und beschränken unsere Möglichkeiten. »Die meisten leben in den Ruinen ihrer Gewohnheiten«, spottete der französische Künstler Jean Cocteau. Füllen Sie gemeinsam mit Ihren Mitarbeitern mal die Rubrik »Das haben wir schon immer so gemacht – und es nervt uns!« Das kann die Arbeitskleidung sein, die keiner mag. Der immer gleiche Spruch, den man am Telefon aufsagen muss. Die Rückversicherung bei jeder noch so kleinen Kundenreklamation. Die starren Arbeitszeiten mit Präsenzpflicht auch in Phasen, in denen wenig los ist. Das bürokratische Verfahren, mit dem Fortbildungen genehmigt werden. Beantworten Sie dann die Fragen: Was davon lässt sich ändern, und wie soll es zukünftig anders gehen?

Führen Sie spielerischer

Alles, was anderswo über gute Führung geschrieben wurde, gilt natürlich auch und erst recht in Unternehmen mit Spielkultur. Den Zusammenhang zwischen mitarbeiterorientierter Führung und gutem Arbeitsklima habe ich ja schon betont. Jetzt geht es um etwas anderes, nämlich um das Einstreuen spielerisch-humorvoller Elemente in Ihren Führungsalltag. Sales-Piraten reagieren ungern auf nüchterne Aktennotizen. Vielleicht wäre es schlauer, wichtige Botschaften auch mal als Flaschenpost auf den Schreibtischen zu deponieren ...

Es gibt noch mehr beispielhafte Ideen für mehr Spaß am Arbeitsplatz:

➤ Sorgen Sie für eine Umgebung, die Spaß fördert – mit leuchtenden Farben, Blumen, Licht.

➤ Feiern Sie Erfolge – den kleinen Durchbruch zum Beispiel mit einem Glas Prosecco, den großen mit einem Fest.

➤ Richten Sie Oasen für Spiel und Entspannung ein – Dartscheibe, Kicker, Boxsack, Volleyball-Feld, »Spielzimmer« für Erwachsene, Sonnenterrasse sind nur erste Ideen.

➤ Denken Sie sich für Betriebsfeste echte Überraschungen aus – vom gemeinsamen Weihnachtsbaumfällen bis zum Tapas-Kochkurs im Szenelokal.

➤ Hängen Sie eine Spaß-Pinnwand auf, die spielerische Kollegen per Foto in Aktion zeigt und auf der Platz für Cartoons, Sprüche und neue Spielideen ist.

➤ Halten Sie es mit Charlie Chaplin: »Ein Tag ohne Lächeln ist ein verlorener Tag.« Lachen Sie viel, auch über sich selbst – und niemals auf Kosten anderer! Schreiben Sie freundliche und mitunter sogar spaßige E-Mails.

➤ Schenken Sie Aufmerksamkeit – und kleine Aufmerksamkeiten, die Wertschätzung zeigen. Legen Sie jemandem, der erkältet ist, eine handgeschriebene Karte mit einem Beutel Kräutertee auf den Platz. Geben Sie im Hochsommer eine Runde Eis aus. Laden Sie in der Novembertristesse zu einem Samba-Kurs in der Mittagspause ein. Kurz: Tun Sie ab und zu etwas Ungewöhnliches.

➤ Machen Sie keine Standardgeschenke, sondern fragen Sie den liebsten Kollegen, die liebste Kollegin des zu beschenkenden Mitarbeiters nach Vorschlägen.

➤ Verteilen Sie Taler oder Marken für vorbildliches Handeln. Die Taler können dann für Dinge eingelöst werden, die den Mitarbeitern Freude machen.

➤ Installieren Sie einen Spaß-Briefkasten für neue Ideen, der regelmäßig gelehrt wird. Überlegen Sie gemeinsam mit Ihren Mitarbeitern, welche Vorschläge Sie umsetzen wollen.

➤ Vergraben Sie sich nicht in Ihrem Büro, sondern seien Sie greifbar. Mischen Sie sich immer wieder unter Ihr Team und zeigen Sie, dass Sie für Scherze zu haben sind.

➤ Versuchen Sie öfter, die komischen Seiten einer Situation zu sehen. Ist die Lage wirklich so dramatisch? Welchen Stellenwert wird das momentane Problem vermutlich aus der Rückschau nach sieben Jahren für Sie haben? In einer angespannten Stimmung wirkt ein Scherz entkrampfend, bevor man sich gemeinsam an eine »ernsthafte« Lösungssuche macht.

➤ Lockern Sie Routine-Sitzungen immer mal wieder auf: Tagen Sie an einem ungewöhnlichen Ort. Bestimmen Sie den Protokollanten per Glücksrad.

➤ Gründen Sie ein Firmenkabarett, einen Firmenchor oder eine Firmenband, eine Fußballmannschaft, eine Laufgruppe, eine Firmenverschönerungsinitiative …

➤ Finden Sie heraus, welche Hobbys Ihre Mitarbeiter haben und überlegen Sie gemeinsam, wie die Garten-, Koch-, Literatur-, Tanz-, Autoexperten im Team zu mehr Spaß im Alltag beitragen können.

Genug Anregungen – jetzt sind Sie gefragt! Natürlich: Nicht alles passt überall, nicht zu Ihnen, nicht zu Ihrem Unternehmen oder zu Ihren Mitarbeitern. Folgen Sie einfach Ihrer Intuition und setzen Sie darauf, dass Sie andere inspirieren werden, zu einer bunteren Atmosphäre beizutragen. »Für mich ist ein Unternehmen ein Abenteuerspielplatz für Erwachsene«, sagt der Erfolgshotelier und Unternehmensberater Klaus Kobjoll vom Schindlerhof bei Nürnberg.[144] Holen Sie etwas von diesem spielerischen Geist in Ihre vier Wände!

---

[144] Zit. n. *Strategie Journal* 5/1999, S. 6 (Interview mit Klaus Kobjoll unter der Überschrift »Begeisterung ist übertragbar!«).

Leben Sie eine positive Fehlerkultur

Spielen heißt auch experimentieren, Neues wagen. In einem Klima, in dem die Angst regiert, Fehler zu machen, geht das aber nicht. Doch dass Fehler im Grunde Lernchancen sind, verlernen wir spätestens in der Schule, wo Fehler mit schlechten Noten geahndet werden und schlimmstenfalls die Versetzung gefährden. Jedes spielerische Unternehmen macht Fehler, ganz automatisch. Das gilt auch für die Erfolgsbeispiele in diesem Buch. Die Goba Mineralquelle (siehe Kapitel 8) brachte neben vielen Erfolgsprodukten ein »Rosenwasser« auf den Markt. Klingt vielleicht gut, wollte aber trotzdem niemand trinken.

Fehler zu machen ist nicht schlimm. Schlimm ist nur, aus Fehlern nicht zu lernen. In einer positiven Fehlerkultur wird nach Pannen und Versäumnissen nicht die übliche Ursachenforschung betrieben (»Wie konnte das denn bloß passieren?!«), sondern es wird eine weit interessantere Frage gestellt: »Wie vermeiden wir das zukünftig?« Dann fließt die Energie in eine erfolgreiche Zukunft statt in die Suche nach Sündenböcken. Aus der Rosenwasser-Panne ließe sich zum Beispiel der Schluss ziehen, neue Produkte noch ausführlicher vorab von der Zielgruppe testen zu lassen. Oder eine verunglückte Spieleinlage im Service könnte Anlass sein, sich intensiver mit dem Humor der Zielgruppe zu beschäftigen.

Neben der Angst vor Fehlern hält der Spielexperte und Unternehmensberater Arne Gillert die Angst vor negativen »sozialen Konsequenzen«[145] für ein wesentliches Hemmnis bei der Entwicklung einer Spielkultur. Menschen haben Angst, ausgelacht oder verspottet zu werden. Möglicherweise ist diese Angst sogar noch größer als die Angst vor Misserfolgen und Fehlern. Aber in einer Spielkultur darf und soll man »spinnen«! So entstehen oft die besten Ideen. Sorgen Sie daher für eine wertschätzende Kultur des Feedbacks, indem Sie das vorleben und das Auslachen anderer sanktionieren.

Verabschieden Sie sich von Spielverderbern

Bei der Übernahme unseres Tankstellenshops haben wir zunächst alle Mitarbeiter weiterbeschäftigt. Im Laufe der Zeit kristallisierte sich dann von selbst heraus, wer sich mit dem neuen Geist identifizieren konnte und wer nicht. Etwa die Hälfte der alten Arbeitsverträge haben wir im ersten Jahr gekündigt. Neue Mitarbeiter suchten wir gezielt danach

---

[145] Gillert, *Der Spielfaktor*, a. a. O., S. 231.

aus, ob sie zu unserer spielerischen Unternehmensphilosophie und zum Team passten. Inserieren mussten wir übrigens nicht: Das gute Arbeitsklima bei uns sprach sich herum und wir erhielten zahlreiche Initiativbewerbungen. Mindestens ein Probearbeitstag und die Mitbestimmung des Teams sorgten dafür, dass wir engagierte Mitarbeiter bekamen, die sich auch untereinander gut verstanden.

Spielkultur bedeutet also nicht Friede, Freude, Eierkuchen! Eine Spielkultur ist ambitioniert, sie soll Kunden einen Mehrwert bieten. Die Mitarbeiter sind daher gefordert, ihr Bestes zu geben und Ideen zu entwickeln. Die Lizenz zum Spielen überfordert viele Menschen anfangs, schon weil sie ungewohnt ist. Von den Führungskräften verlangt das Geduld. Dennoch: Manche Mitarbeiter entwickeln Lust am Spiel und an der Leistung, andere nicht, und von Letzteren sollten Sie sich konsequent trennen. Keiner hat Lust zu spielen, wenn einer in der Runde permanent bremst oder ständig laut darüber nachdenkt, wie doof das Spiel doch sei. Reden Sie Klartext, formulieren Sie Ihre Erwartungen und finden Sie eine faire Regelung für den Ausstieg von Mitarbeitern, die Ihre Erwartungen dauerhaft nicht erfüllen.

Setzen Sie auf Eisbrecher

Idealerweise haben Sie eine(n) oder besser zwei in Ihrem Team, die den neuen Geist begrüßen und im wahrsten Sinne des Wortes »begeistert« mitziehen. Übertragen Sie diesen Menschen mehr Verantwortung, honorieren Sie ihre Vorschläge (nicht nur in barer Münze, sondern vor allem durch Anerkennung). Sie brauchen Mitarbeiter, die Ihr Projekt mit anschieben. Und oft bewirkt ein überzeugter Kollege mehr als alle guten Worte des Chefs.

Solche Eisbrecher oder Missionare der Spielidee erkennen Sie im Bewerbungsprozess oft daran, dass sie ein wenig bunter und fantasievoller sind als ihre Mitbewerber. Ein Kollege erlebte das als Mitglied eines Auswahlgremiums, das einen neuen, sehr gut dotierten Job als Fachberater für Krankenhäuser zu vergeben hatte. Es gab viele Bewerber. Statt wie die anderen mit einer Powerpoint-Präsentation für sich zu werben, nahm ein Ingenieur den Spezialsattel seines Rennrads mit vor das Gremium. Er sprach nur drei Minuten: »Ich bin leidenschaftlicher Radrennsportler. Am liebsten fahre ich Pässe, wo alle anderen scheitern. Viele Menschen glauben, dass die Kraft das Wichtigste im Rennen ist. Oder das Material. Oder die mentale Vorbereitung. Alles ist richtig! Das Wichtigste und Entscheidendste ist für mich jedoch der Sattel. Denn über den Sattel findet der Kraftschluss zwischen Körper und Maschine statt. Je perfekter der Sattel ist, desto besser ist die Leistung, wenn es darauf ankommt. Als Fachberater sehe ich mich als dieser Rennsattel, der den Kraftschluss zwischen Ihrem Unternehmen und Ihren Kunden herstellt und so die Leistung erzeugt. Ich mache da weiter, wo die anderen scheitern, bringe meine körperliche und mentale Kraft ein und mache für Sie das Rennen.« Das Gremium war beeindruckt. Der Kontrast zu den übrigen Powerpoint-Schlachten war extrem, und der Bewerber machte auch hier das Rennen.

Machen Sie Ihr Spiel!

Ihre Mitarbeiter werden Ihre Kunden in meisten Fällen so behandeln, wie sie selbst im Unternehmen behandelt werden.

Eine Spielkultur gedeiht nur in einem guten Unternehmensklima. Gute – wertschätzende, mitarbeiterorientierte – Führung ist die Basis eines solchen Klimas.

Wenn der Chef sich traut zu spielen, werden auch die Mitarbeiter mutiger. Seien Sie sich Ihrer Vorbildfunktion bewusst und haben Sie Geduld.

Beweisen Sie im Führungsalltag Humor. Spielerische Momente erfreuen nicht nur Kunden, sondern auch Mitarbeiter. Der Geist, den Sie im Unternehmen leben, wird nach außen getragen.

Diktieren Sie keine Maßnahmen, sondern entwickeln Sie gemeinsam mit Ihren Mitarbeitern Ideen. Eigene Vorschläge werden konsequenter umgesetzt als Ideen anderer.

Betrachten Sie Fehler als Lernchancen, verabschieden Sie sich von der Suche nach Sündenböcken.

Trennen Sie sich von Mitarbeitern, die sich mit der neuen Unternehmenskultur nicht anfreunden können.

11.   Wie Sie Ideen finden

Vom Lkw zur Kult-Tasche

»1993 waren die Grafikdesigner und Brüder Markus und Daniel Freitag auf der Suche nach einer Kuriertasche. Richtige Zürcher fahren nämlich Rad bzw. Velo. Und sie werden oft verregnet. Die Freitag Brüder wollten für ihre Entwürfe eine belastbare, funktionelle und wasserabweisende Tasche. Inspiriert vom bunten Schwerverkehr, der direkt vor ihrer Wohnung über die Zürcher Transitachse brummte, schneiderten sie aus einer alten Lastwagenplane eine Kuriertasche.« So erzählt Freitag lab.ag den Beginn der eigenen Unternehmensgeschichte. Manche Ideen fahren buchstäblich auf der Straße. Die ersten Taschen nähten die Unternehmensgründer auf der Nähmaschine ihrer Mutter, vorher wurden die alten Lkw-Planen in der Badewanne gewaschen. Die Unikate erwiesen sich als Verkaufsschlager. Heute verarbeitet Freitag mit 130 Angestellten jährlich 390 Tonnen Lkw-Planen zu »R. I. P.« – Recycled Individual Products – und exportiert seine Waren in alle Welt.

Den spielerischen Geist hat man sich bis heute bewahrt. Beispiele: Zu den verschiedenen Taschenmodellen gibt es ebenso funktionale wie witzige Produktvideos, die die Tasche in Aktion zeigen. »FREITAG am Donnerstag« heißt eine Veranstaltungsreihe, in der zum Beispiel Reportagenautoren auftreten. Und ein Newsletter-Abo wird so humorvoll auf der Webseite www.freitag.ch angeboten, dass man ernsthaft versucht ist, seine Mailadresse rauszurücken: »FREITAG Newsletter sind gratis. Kurz. Meistens farbig. Sie kommen in verträglichen Abständen. Manchmal sind sie sogar lustig. Über die Jahre haben sich mehr Menschen für unseren Newsletter angemeldet als abgemeldet. Das heißt, es muss Leute geben, die ihn mögen.«

Während die Freitag-Brüder einen genialen Geistesblitz hatten, tun sich andere Unternehmen mit neuen Ideen offenbar deutlich schwerer. Exakt 1,3 Millionen Treffer spuckte Google Ende September 2012 aus, wenn man die Stichworte »Kreativität« und »Workshop« eingab. Ein Seminaranbieter listete in seiner Datenbank immerhin 43 Angebote auf, von »Querdenken ganz praktisch« über »Design Thinking« bis zum

»Ideengenerator«[146]. Unternehmen brauchen Ideen, wenn sie erfolgreich sein wollen. Und sie brauchen, davon bin ich fest überzeugt, mehr spielerische Verkaufsideen! Denn auf viele Firmengrabsteine könnte man schreiben: »Das haben wir schon immer so gemacht!« Oder auch: »Das haben wir ja noch nie gemacht!« Also ab ins Kreativseminar? Oder einfach mal aus dem Fenster schauen und seinen Gedanken nachhängen, wie die Freitag-Brüder?

Die Kreativität der Mitarbeiter wachküssen

Haben Sie schon einmal von Kreativitätsworkshops für Kinder gehört? Allein die Idee wirkt komisch, denn Kinder sind auch ohne pädagogische Beschulung kreativ. Offensichtlich geht vielen Menschen dieses kreative Potenzial im Laufe des Erwachsenwerdens verloren. Irgendwann bekommt man dann schon einen Schweißausbruch, wenn man etwas halbwegs Originelles in ein Gästebuch schreiben will. Ein gutes Seminar kann eine Initialzündung für neue Ideen sein. Im Idealfall gelingt es, in einer entspannten Atmosphäre die Gedanken in Bewegung zu bringen und mittels verschiedener Techniken und Methoden Ideen hervorzukitzeln. Doch Sie kennen das selbst: Die besten Ideen kommen einem nicht vor einer Pinnwand mit Moderationskarte in der einen Hand und Edding-Stift in der anderen, sondern beim Gartenumgraben oder Staubwischen, beim Herumblödeln in der Kantine, beim Lesen eines interessanten Zeitschriftenartikels. Vielleicht schoss Ihnen auch schon öfter mit »Man müsste mal …« eine Idee für Ihren Unternehmensalltag durch den Kopf. Und im nächsten Moment haben Sie gedacht: »Ach, da macht der X nie mit!« oder »Wer weiß, ob das funktioniert?« und schließlich: »Nein, daran verbrenne ich mir lieber nicht die Finger!« Und schon verschwand die Idee auf Nimmerwiedersehen im entlegensten Winkel Ihres Gedächtnisses. »Die eigentliche Innovations-Blockade in Unternehmen ist die Angst der Mitarbeiter, die Verantwortung für eine Idee zu übernehmen, auch auf die Gefahr hin, mit ihr zu scheitern«, sagt Christo Quiske, für das Wirtschaftsmagazin *Brand eins* »ein Urgestein der deutschen Kreativszene« und Mitbegründer des Instituts für Angewandte Kreativität (IAK). Und Rainer M. Holm-Hadulla, Psychotherapeut, Professor und Experte für Kreativität, konzentriert sich in Workshops auf Führungskräfte und begründet das bündig so: »Wahre Innovationen finden dort statt, wo man den Menschen Spielraum lässt.«

Wenn die im letzten Kapitel beschriebenen »Spielvoraussetzungen« gegeben sind, wecken Sie die Spielfreude Ihrer Mitarbeiter durch folgende Maßnahmen.

---

[146]   Quelle: www.semigator.de

Schenken Sie Zeit zum »Spinnen«

Freiraum für spielerische Ideen bedeutet auch zeitlichen Freiraum. Dass Google seinen Mitarbeitern einen Tag pro Woche zum Tüfteln an eigenen Projekten zur Verfügung stellt und dass daraus zahlreiche Produkte entstanden sind (vgl. Kapitel 8), wird zwar gern weitererzählt, aber selten kopiert. Was würde wohl passieren, wenn Ihre Mitarbeiter zumindest für zwei Stunden pro Monat die offizielle Erlaubnis zum Tüfteln an spielerischen Ideen bekämen? Angesichts der Verdichtung der Arbeit in den letzten Jahrzehnten ist Muße für neue Ideen keine kleine Herausforderung an die Unternehmensleitungen.

Schaffen Sie Orte für entspannten informellen Austausch

Es soll noch Unternehmen geben, in denen die Devise herrscht: »Hier soll gearbeitet werden, und nicht gelacht!« Damit die Mitarbeiter sich ja nicht zu wohlfühlen oder gar in Versuchung kommen, im Gespräch miteinander kostbare Zeit zu verplempern, ist die Kaffeeküche ein dunkler, ungemütlicher Ort, die Kopierer oder Drucker stehen in einem winzigen Raum ohne Belüftung oder Fenster, aus dem man möglichst schnell wieder heraus will, und der Vorschlag für einen freundlichen Pausenraum, eine Cafeteria oder Kantine wird entrüstet als überflüssiger Luxus zurückgewiesen. Dabei weiß man längst aus dem Wissensmanagement, dass informeller Austausch mehr bewirken kann als alle Checklisten, Vorschriften oder Datenbanken zusammen.

Wenn Menschen miteinander reden, werden Probleme gelöst und Ideen entwickelt. Wenn man sie zwingt, in Ordnern zu kramen, verschieben sie es lieber auf morgen. (Das sagt einem die Lebenserfahrung auch ohne schlaue Wissensmanager). Sorgen Sie also für Wohlfühlecken im Unternehmen! »Nur wer Freude an seiner Arbeit hat, kann sein Bestes geben«, lautet beispielsweise die Devise bei Abacus, einem Schweizer Marktführer für Business-Software, der seit 25 Jahren stetig wächst. Das *St. Galler Tageblatt* staunte über Musikraum, Fitnesscenter und öffentliche Restaurants, die Mitarbeitern das »Umfeld so angenehm wie möglich gestalten«, und meldet: »Vorangekommen ist die einstige Studentenfirma meist durch spontane Entscheide und viel kreatives Ausprobieren.«

Stellen Sie die Antennen auf Spiel-Empfang

Mit den spielerischen Ideen ist es wie mit Schwangerschaften. Sobald Sie selbst betroffen sind, sehen Sie überall Frauen mit Babybauch. Dahinter steckt kein enormer Anstieg der Geburtenrate, sondern ein simpler Wahrnehmungsmechanismus: Was uns interessiert und gedanklich beschäftigt, nehmen wir bevorzugt wahr, egal ob das die Automarke ist, die wir zu kaufen beabsichtigen, oder eben der Familienzuwachs. Wer selbst auf spielerischen Verkauf setzt, wird in seiner Umgebung plötzlich überall Beispiele für spielerische Verkaufsansätze finden. Das geht Ihnen so und Ihren Kollegen und Mitarbeitern ebenfalls. Prüfen Sie bei jeder Idee: Was können wir uns abgucken? Lässt sich das übertragen oder für uns abwandeln? Sorgen Sie außerdem dafür, dass die Antennen auf Spiel-Empfang eingestellt bleiben. Wie wäre es zum Beispiel mit einem witzigen Plakat am Firmenausgang: »Heute schon gespielt?«

Lassen Sie spontane Ideen nicht verloren gehen

Es mangelt im Allgemeinen nicht an Ideen, sondern an deren ernsthafter Prüfung und Umsetzung. Damit spontane Geistesblitze nicht verloren gehen, können Sie beispielsweise ein Ideen-Buch einrichten, in das jeder Vorschläge eintragen kann, oder einen Ideen-Briefkasten aufhängen, der regelmäßig geleert wird. Idealerweise sind beide im Intranet der Firma allen zugänglich. Buch oder Briefkasten können Sie natürlich auch nutzen, um gezielt Anregungen und Vorschläge für geplante Maßnahmen einzuholen oder Wettbewerbe zu veranstalten: Wer hat eine Idee für eine witzige Web-Aktion? Wie könnte man die Unternehmenswebsite aufpeppen? Womit jenseits der üblichen Weihnachtsdekoration könnte man Kunden auf die Produkte/die Marke/das Unternehmen aufmerksam machen? Wichtig ist, dass Sie keine toten Briefkästen einrichten, sondern die gesammelten Vorschläge regelmäßig diskutieren, beispielsweise auf einer monatlichen Sitzung. Wenn Ihnen diese formalisierten Wege der Ideensuche nicht behagen, sollten Sie zumindest ein bekanntermaßen offenes Ohr für kreative Mitarbeitervorschläge haben und eine Politik der offenen Tür betreiben.

Hören Sie anderen zu

Fragen Sie doch mal Kinder, was ihnen zu Ihrem Angebot einfällt. Lassen Sie sie malen, träumen, diskutieren: »Was wäre wirklich toll, wenn es das hier gäbe?« Vielleicht ist das Schuhgeschäft in der Innenstadt so zur Rutsche in die Kinderabteilung im Tiefgeschoss gekommen. Laden Sie Menschen mit einem ungewöhnlichen Blick auf die Dinge ins Unternehmen ein – Querdenker, Künstler, Artisten, Philosophen. Oder veranstalten Sie eine Diskussion mit engagierten Kunden, etwa jenen, die sich im Firmenblog zu Wort melden.

Verlassen Sie das Unternehmensgebäude

Ein Wechsel der gewohnten Umgebung regt an, die gewohnten Denkbahnen zu verlassen. Tagen Sie doch mal in einem Kloster, auf einer Berghütte, auf einer kleinen Insel, auf einem Campingplatz in den Dünen … Verschanzen Sie sich in Meetings zu spielerischen Fragen nicht hinter grauen Resopal-Tischen, sondern schaffen Sie eine bunte, fröhliche Umgebung, tagen Sie im Garten oder auf der Dachterrasse. Unternehmen Sie Exkursionen in andere Branchen. Was kann das Shopping-Center vom Vergnügungspark lernen? Was die Arztpraxis vom Hotel? Der Buchhändler von der Cocktailbar?

Planen Sie regelmäßig neue Maßnahmen

»Es gibt nichts Gutes, außer man tut es«, wusste schon Erich Kästner. Wie kommen Sie ins Handeln? Marketingexperte Hermann Scherer hat den interessanten Vorschlag der »bunten Monate« gemacht. Jeder Monat erhält eine Farbe und ein Motto, an das mit Plakaten, Post-its, Tafeln et cetera erinnert wird. Am Ende des Monats wird der Mitarbeiter gewählt, der das Thema am besten umgesetzt hat. Bei dieser Gelegenheit wird das nächste Monatsmotto eingeführt. Statt eines »rosa Monats der Freundlichkeit«, eines »blauen Monats der Sauberkeit« oder eines »orangen Monats der Schnelligkeit« könnten Sie gemeinsam mit Ihren Mitarbeitern Monatsmottos zum spielerischen Verkaufen kreieren: den »gelben Monat des Kundenlachens«, den »roten Monat der Gewinnspiele«, den »grünen Monat der Mitmachaktionen«, den »lila Monat der überraschenden Warenpräsentation« beispielsweise. Wenn Sie Aktionen nicht thematisch gruppieren wollen, bewährt sich ein Projektplan, der die Fragen Was?, Wer? und Bis wann? eindeutig beantwortet und zumindest für das nächste Quartal die Richtung vorgibt.

Testen Sie Ideen möglichst vor der Umsetzung

Wenn der Glückskäfer zum Lottoschein an einem Testtag nicht so gut angekommen wäre, hätten wir in unserem Tankshop sicher keine Großbestellung Schoko-Käfer aufgegeben. Testen Sie Ihre Idee an einer Auswahl von Kunden vorab, wann immer es möglich ist. Ein solcher Test lässt sich sogar mit einer Marketingaktion verbinden, etwa wenn Sie über Social Media wie Facebook oder Twitter Tester suchen und deren Meinungen und Anregungen veröffentlichen. Oder wenn Sie (beispielsweise bei Themenzimmern im Hotel, neuen Motto-Menüs oder Kundenevents) kostenlose oder sehr kostengünstige Einführungsangebote zur fortlaufenden Optimierung bis zur »Serienreife« einsetzen.

Das Tester-Sein schmeichelt vielen Menschen, und sie werden ihr Erlebnis sicher weitererzählen und für Mundpropaganda sorgen.

Führen Sie ein Erfolgstagebuch

An wie viele Erfolgserlebnisse der letzten zwölf Monate erinnern Sie sich noch? – Halt! Nicht weiterlesen, sondern bitte mal fünf Sekunden nachdenken. Fünf … vier … drei … zwei … eins … null. – So, und nun noch einmal fünf Sekunden für die Misserfolge des vergangenen Jahres.

Den allermeisten Menschen fallen problemlos Misserfolge ein – und zwar weit über die letzten zwölf Monate hinaus: Sie erinnern sich beispielsweise noch genau an die blamable Wissenslücke im Vertriebsmeeting vor drei Jahren und sogar daran, wie sie im zarten Alter von neun Jahren minutenlang vergeblich den Bodensee auf der Schullandkarte gesucht haben. Fehler und Pannen graben sich in unser Gedächtnis ein, Erfolge haken wir hingegen rasch ab. Gegensteuern können Sie mit einem Erfolgstagebuch, in dem Sie spielerische Aktionen und deren positive Wirkungen festhalten. Schon durch den Akt des Aufschreibens werden Sie Erfolgserlebnisse noch einmal durchleben und stärker würdigen. Und sollten Sie einmal einen Durchhänger beim Spielen haben, blättern Sie ein paar Minuten in Ihrer Erfolgskladde. Das wird Sie überzeugen, dass sich das Ganze wirklich lohnt! Als Motivationsinstrument ist so ein Tagebuch ebenso einfach wie unschlagbar.

Lernen Sie von anderen

Es stehen schon so viele Räder in der Gegend herum: Sie müssen das Rad nicht neu erfinden. Lassen Sie sich von den Ideen anderer inspirieren. Im nächsten Abschnitt finden Sie daher abschließend noch einmal eine Übersicht über die in diesem Buch vorgestellten Spielmöglichkeiten.

71 Ideen für spielendes Verkaufen

Die Idee	Beispiele
1. Kreieren Sie ein Produkt, das Ihre Kunden sich selbst auf den Leib schneidern können.	– Eigene Schokolade in Auftrag geben (My Swiss Chocolate) – Müsli selber mixen (Mymuesli)
2. Bieten Sie eine individuelle Verpackung und einen personalisierten Aufdruck.	– Kunde kann dem Produkt witzigen Namen geben (Mymuesli)
3. Verwenden Sie überraschende, optisch interessante Materialen.	– Taschen aus alten LKW-Planen (Freitag)
4. Inszenieren Sie den Verkauf auf eine unübliche, unterhaltsame Weise – bieten Sie den Kunden eine Show.	– Fliegende Fische am Fischstand (Pike Place Fish Market) – Kellner auf Rollschuhen (Grand Casino Baden) – Weinengel (Radisson Blu Zürich)
5. Laden Sie Ihre Kunden zu einem besonderen Event ein.	– Tag des Hundes (Landi Marthalen) – Schulranzentag (VW Autohaus Frankfurt)
6. Betten Sie Ihr Angebot in ein ungewöhnliches Erlebnis ein.	– Krimidinner, Märchendinner
7. Schreiben Sie wirklich witzige Mailings, keine nervigen Werbe-Mails.	– Kaffeemaschine verabschiedet sich per Brief in den Ruhestand und stellt ihre Nachfolgerin vor (Nespresso)
8. Bringen Sie Ihre Kunden mit Werbespots zum Schmunzeln.	– Das Huhn Chocolate bringt sein Ei selbst zum Supermarkt (Migros)
9. Wecken Sie die Sammelleidenschaft Ihrer Kunden.	– »Dominofieber« (Real)
10. Machen Sie Ihren Kunden ein kleines Geschenk zum Schmunzeln.	– Blanker Glückscent am Freitag, dem 13.
11. Schenken Sie Ihren Kunden Ihre ganz persönliche Aufmerksamkeit.	– Azubis schreiben am Supermarkt-Eingang jedem Kunden ein Namensschild und kümmern sich persönlich.
12. Machen Sie Ihre Kunden zu Warentestern.	– Bewertung von Gratis-Produkten (Glatt Try Store)
13. Überraschen Sie Kunden durch wirklich originelle Dekorationen.	– Der Weihnachtsbaum im Baumarkt: mit Werkzeugen und Schrauben dekoriert statt der üblichen Kugeln

14. Inszenieren Sie Ihre Ware so, dass man darüber spricht. Treffen Sie den Nerv Ihrer Zielgruppe. Dann schadet es gar nicht, dass Nicht-Käufer den Kopf schütteln – im Gegenteil!	– Hollister's dunkle, laute Surfwelt.
15. Schaffen Sie eine leicht verruchte Atmosphäre.	– Dessous für »gefallene Engel« (Victoria's Secret)
16. Betten Sie Ihr Angebot in eine Geschichte ein, in ein Setting, das Ihren Shop oder Online-Shop bestimmt.	– Spielzeugladen als verwunschene Traumwelt mit Plüsch-Bewohnern (The Lost Forests) – Kinderpapeterie Piratenschiff (Bürowelt Schiff AG)
17. Machen Sie Ihr Schaufenster zur echten Kundenattraktion.	– Guckkasten mit spektakulärem Einblick (Harrod's Jubilee-Fenster mit Designer-Kronen)
18. Nutzen Sie Ihr Schaufenster auf Aufsehen erregende Weise anders.	– Kleintiergehege (Loeb) – Zuschauerraum für Performance (Loeb) – Blumenwiese (Weinladen)
19. Bieten Sie eine besondere Verkaufsshow.	– Holländische Blumenversteigerung – Kurzurlaub in Frankreich beim deutschen Bäcker (Maison du Pain)
20. Platzieren Sie einen echten Hingucker in Ihrem Verkaufsraum.	– Findling als Bäckertresen (Bäckerei Blesgen)
21. Bringen Sie Kunden durch Riesendekos zum Staunen.	– Die größte Milchtüte der Welt (Weihenstephan)
22. Bauen Sie aus Ihren Waren ein neues Bild.	– Bunter Hemden-Regenbogen beim Herrenausstatter – Schmetterling gebaut aus Konservendosen
23. Drapieren Sie Ihre Waren auf Displays, die sonst keiner hat.	– T-Shirts auf Riesen-Nadelkissen – Dessous in Bällen (Issey Miyake)
24. Laden Sie Ihre Kunden spektakulär zum Ausprobieren der Produkte ein.	– Globetrotter Köln (Kältekammer, See im Outdoor-Store)
25. Dekorieren Sie da, wo man es nicht erwartet.	– Living Floor (Erlebnisapotheke Eyb)
26. Lassen Sie Ihre Kunden einen Blick hinter die Kulissen werfen.	– Fensterscheibe zum Roboter, der die Medikamente holt (Erlebnisapotheke Eyb)

27. Werten Sie Ihr Angebot durch ein eigenes Museum auf.	– Kristallwelten (Swarovski)
28. Bieten Sie ein ungewöhnliches Ambiente.	– Jumbo-Schnauze im Fitnesscenter (Airport Fitness Zürich)
29. Ändern Sie die Spielregeln beim Verkaufen.	– »Flohmarkt« für Designer-Mode – Verkäufer im Karnevalskostüm (Migros) – Mitternachts-Shopping bei Kerzenschein (Migros)
30. Bieten Sie etwas zum Anfassen, auch wenn man Ihr Produkt nicht anfassen kann.	– Spielzeugfamilie im Versicherungsverkauf (Schmitz, Haptische Verkaufshilfen)
31. Überraschen Sie Kunden durch optisch maßgeschneiderten Service.	– Tischdeko und T-Shirts des Service-personals sind auf das Seminarthema abgestimmt (Restaurant Bürgisweyerbad)
32. Verblüffen Sie Kunden durch eine humorvolle Durchsage.	– Flugzeugpassagiere haben eine Busfahrt zum Terminal gewonnen! (Lufthansa-Landung München) – Touristische Infos zu Schlössern und Burgen (Zugfahrt Rheinstrecke Mainz – Koblenz)
33. Würzen Sie Ihr Firmenvideo oder Ihren Informationsfilm mit Humor.	– Sicherheitsfilm der Fluggesellschaft Condor mit Doubles bekannter Personen wie Chaplin, Winnetou, Paris Hilton.
34. Spielen Sie humorvoll mit typischen Kundenerwartungen.	– Karte unterm Hotelbett (»Natürlich haben wir auch hier gesaugt!«)
35. Schreiben Sie Ihren Kunden einen ungewöhnlichen Geburtstagsbrief.	– Bedeutung einer »guten Etikette« Kofferanhänger (Etikett) als Geschenk (Agentur am Flughafen)
36. Laden Sie Ihre Kunden überraschend zu einem passenden Drink ein.	– Heißer Tee an kalten Tagen, erfrischender Cocktail an heißen
37. Revanchieren Sie sich unaufgefordert für kleine Unannehmlichkeiten.	– Längere Wartezeit? Als Entschädigung gibt es ein kleines Geschenk für den Kunden.
38. Machen Sie Ihrem Kunden ein Geschenk, das auf seine Investition abgestimmt ist.	– Erstausrüstung für die erste Spritztour beim Cabriokauf (Basecap, Sonnencreme, Kühltasche)

39. Kopieren Sie Erfolgsideen anderer Branchen.	– Abwrackprämie für Laufschuhe – Kräuterabo – Erstbezug im Hotelzimmer
40. Schenken Sie Ihren Kunden ungewöhnlich viel Zeit.	– Bummlerkasse im Einzelhandel – One-to-one-Service und persönliche Einweisung beim Computerkauf
41. Laden Sie Ihre Kunden zum Mitmachen ein. Bieten Sie etwas, das man nirgendwo kaufen kann.	– »Hammerfrauen« im Baumarkt (Obi) – Uhrenworkshop (IWC) – Führung durch die Stallungen (CSIO Reitturnier)
42. Spielen Sie verrückte Spiele und gewinnen Sie die Aufmerksamkeit der Presse.	– Wettbewerb um das hässlichste Führerscheinfoto (Southwest Airlines) – Gelddusche (Grand Casino Baden) – Singen für Geldwechsel (Apotheke)
43. Kreieren Sie eine Website, die Ihren Besuchern Spaß macht.	– Ungewöhnliche Reiter (»Langeweile?«), witzige Wettbewerbe, ungewöhnliche Webcam (»Live aus dem Bienenstock«) (Smoothie-Hersteller Innocent)
44. Entwerfen Sie eine verspielte Website, die zu Ihrer Unternehmensmetapher passt.	– Das Unternehmen als »Republik« (Werbeagentur republica) – Das Unternehmen als Fluggesellschaft (Agentur am Flughafen)
45. Bauen Sie Spielsequenzen in Ihre Seite ein.	– Teller füllen (Düsseldorfer Kindertafel) – »Hauskonfigurator« (Agentur für erneuerbare Energien) – Sitzplatzlotto (German Wings)
46. Bieten Sie auf Ihrer Website Computerspiele, die auf das Alter der Zielgruppe abgestimmt sind.	– »Lego City«
47. Verzahnen Sie Ihr Webspiel mit Social Media-Plattformen.	– Kronkorken-Gewinnspiel, bei dem über Facebook auch Vereine mitmachen können (Berliner Pilsner)
48. Stellen Sie bei Werbemaßnahmen den Spaß für den Kunden, nicht Ihr Produkt in den Mittelpunkt.	– Mini-Darth Vader beschwört das Familienauto (VW Super Bowl Spot) – Lurchi-Hefte (Salamander) – »Papa Moll geht baden« (Bad Zurzach)

49. Spenden Sie Ihrer Stadt eine Aufsehen erregende Installation.	– Überdimensionaler roter Teppich (Raiffeisenbank St. Gallen)
50. Starten Sie eine satirische Werbeaktion.	– Gründung der Anti-Powerpoint-Partei (Matthias Pöhm) – 85-Jährige will mit der richtigen Outdoor-Kleidung den Mount Everest besteigen (Mammut)
51. Spielen Sie auf amüsante Weise mit der Sprache.	– Wendesätze (Swiss Life) – »We kehr for you« (Berliner Stadtreinigung)
52. Geben Sie ein Markenspiel in Auftrag.	– Monopoly (Bietigheimer Wohnbau) – Memory (Ricardo)
53. Klopfen Sie freche Werbesprüche gegen Ihren Wettbewerber.	– »Was ist blau und günstiger als die Telekom?« (O2) – »Wohnst du schon oder schraubst du noch?« (Möbelhaus)
54. Nehmen Sie die Tagespolitik aufs Korn.	– »Spaß kann man auch ohne reiche Freunde haben« (Sixt-Werbung mit einem Foto von Christian Wulff)
55. Nutzen Sie ungewöhnliche Werbeträger.	– Schokotreppe im Bahnhof (Ritter Sport) – HaribAIR-Flugzeug (Haribo)
56. Erfinden Sie ein interaktives Werbemittel.	– Sich selbst auflösender Brief (Textilverband Schweiz)
57. Binden Sie Ihr Produkt in eine lustige Geschichte ein.	– George Clooney im Himmel (Nespresso) – Lurchi-Geschichten (Salamander)
58. Wandeln Sie Alltagsroutinen komisch ab.	– Rückruf aller Kfz mit vier Rädern (Renault)
59. Trauen Sie sich, etwas ganz Verrücktes zu tun.	– Die schnellste Weihnachtskarte der Welt, gemalt auf der Rennstrecke (BMW) – Nagende Biber(aufkleber) in der Straßenbahn (Mobiliar Versicherungen)
60. Richten Sie eine interaktive Seite im Netz ein, auf der Kunden sich verewigen können.	– Wall of Fame (edding)

61.	Geben Sie eine App mit einem Firmenspiel in Auftrag.	– Logistics Expert (Gebrüder Weiss) – Pilotifant (Mobiliar Versicherungen)
62.	Nutzen Sie QR-Codes kreativ-spielerisch.	– Feuerwerk-Vorschau (Jumbo Markt) – Verkehrsschilder als QR-Code (Fiat Street Evo)
63.	Animieren Sie Ihre Kunden, Ihre Botschaft weiterzutwittern.	– »Winterwarmer« für einen Freund (Orange Telekommunikation) – Fairness Tweets (Ben & Jerry's)
64.	Organisieren Sie eine Facebook-Kampagne.	– Die längste Bank der Welt (Appenzeller Käse) – Preise für die »Stars on Facebook« (Altoids)
65.	Posten Sie ein virales Video auf Youtube.	– Experiment: Wie weit gehen Kunden? (Delite-o-matic) – Service-Satire »Amazon's Yesterday Shipping« (Comedy-Gruppe Bilderbergers)
66.	Suchen Sie über Facebook-Botschafter für Ihr Produkt.	– Duschbotschafter (Grohe)
67.	Geben Sie Kunden die Möglichkeit, in einem Werbespot mitzuspielen.	– Tanzvideo »A Hundred Lovers« (Diesel) – Chor im Hauptbahnhof Dresden (Telekom)
68.	Kreieren Sie ein Online-Tool, das der Kunde mit eigenem Konterfei weiterschicken kann.	– Der Kunde wirbelt als Koch in der Küche (Anna's Best App, Migros)
69.	Entwickeln Sie auf spielerische Weise neue, ungewöhnliche Produktideen.	– Vollmondbier (Brauerei Locher) – Baumhaushotel (Resort Baumgeflüster, Bad Zwischenahn) – Cabriobahn (Stanserhorn Seilbahn)
70.	Verkörpern Sie Ihre Markenwerte durch Spiel und Spaß.	– Action und Fun-Sportarten (Red Bull) – Doodles (Google Hauptseite) – »Das bunte Ei« als Metapher für Ausnahmeservice (Strupat Kundenbegeisterung)
71.	Animieren Sie Ihre Verkäufer durch außergewöhnliche Trainings zum Spielen.	– Ludoki-Verkaufsspiel – Hans-im-Glück-Exkursion – Fish!-Memory

Machen Sie Ihr Spiel!

Ein Seminar zum Thema Kreativität oder Spiel kann eine wichtige Initialzündung für eine Spielkultur im Unternehmen sein – pflegen müssen Sie diese Kultur anschließend selbst!

Die besten Ideen entstehen nicht im Seminarraum mit der Moderationskarte in der Hand vor einer Pinnwand, sondern dort, wo Menschen den Freiraum haben, Ideen zu verfolgen.

Wie Sie für einen »ideenfreundlichen« Unternehmensalltag sorgen können:

➤ Nehmen Sie sich die Muße, spielerische Ideen zu vertiefen, und geben Sie Ihren Mitarbeitern ganz offiziell die Erlaubnis, spontane Geistesblitze zu prüfen und zu konkretisieren.

➤ Fördern Sie den Austausch der Mitarbeiter durch kommunikationsfreundliche Zonen wie Cafeteria, gemütliche Kaffeeküche, Terrasse, Fitnessraum … Freuen Sie sich, wenn im Unternehmen viel gelacht wird!

➤ Stellen Sie die Antennen auf Spiel-Empfang: Welche spielerischen Verkaufsideen sehen Sie anderswo?

➤ Richten Sie einen Ideen-Briefkasten oder ein Ideen-Buch ein. Nutzen Sie dafür auch das Intranet und prämieren Sie die besten Ideen.

➤ Laden Sie Ideengeber ins Unternehmen ein: Querdenker, Kinder, Künstler …

➤ Verlassen Sie das Unternehmensgebäude und tagen Sie an inspirierenden Orten.

➤ Sorgen Sie dafür, dass gute Ideen nicht versickern. Auch Spiele brauchen Planung!

➤ Testen Sie jede Spielidee, wenn möglich vorher mit einer Kundengruppe.

➤ Führen Sie ein Erfolgstagebuch. Das spornt zu zukünftigen Spiel-Aktionen an!

➤ Lassen Sie sich von den Ideen anderer inspirieren – nutzen Sie die 71 Ideen für spielendes Verkaufen in diesem Kapitel!

12. Nachspiel: Kunden zu Fans machen

»Es genügt im Verkauf heute nicht mehr, nur seine Hausaufgaben zu machen: Man muss seinen Kunden etwas Besonderes bieten. Spielerische Momente sind ein wertvoller Schlüssel zum Umsatzerfolg«, sagt Michael Probst von der Migros Basel. Der Leiter der Migros Gastronomie weiß, wovon er spricht. Gemeinsam mit seinem Team rollte er überraschten Restaurantgästen am Eingang schon einmal einen roten Teppich aus und empfing sie mit einem Fotografen und einem adrett gestyltem Türsteher. Die augenzwinkernde VIP-Aktion machte Kunden ebenso viel Spaß wie dem Migros-Team. Die Investition: ein roter Läufer, weiße Tischdecken und Servietten, je Tisch eine rote Rose und vor allem Fantasie und gut gelaunte Mitarbeiter.

Die Migros ist vom Spiel-Geist infiziert und immer wieder für Überraschungen gut. Initialzündung für das spielerische Engagement der Mitarbeiter in Basel waren Workshops, in denen wir Spielideen anderer Unternehmen diskutierten und dann gemeinsam eigene Aktionen planten. Außerdem eröffnete das Training spielerische Erlebnisräume, etwa durch ein Mittagessen im Dunkeln, bei denen die Teilnehmer erfuhren, welchen Wahrnehmungsunterschied es ausmacht, bei einer Sache einmal ganz präsent zu sein und sich nicht durch andere Reize ablenken zu lassen. Was beim Essen funktioniert, lässt sich auf die Kundenbegegnung übertragen: Steht der Kunde wirklich im Fokus der Aufmerksamkeit, sprudeln die Ideen für begeisternde Verkaufsaktionen! Dazu zwei weitere Beispiele:

➤ Kinderbetreuung im Kaufhaus gibt es auch anderswo. Die Basler ließen sich aber eine Kinderbackstube einfallen, in der die Kleinen mit Feuereifer bei der Sache waren, während die Eltern in Ruhe einkauften. Investition: weiße T-Shirts für die Kinder, Backzutaten, zwei engagierte Bäcker aus dem Migros-Team. Jeder Werbeflyer kostet ein Vielfaches.

➤ Zum Muttertag verschenkt man anderswo gerne eine Rose an die Kundinnen. Das ist zweifellos eine nette Geste, doch nicht jede Frau trägt beim Wocheneinkauf gern eine Blume mit sich herum. Migros gestaltete den Muttertagseinkauf rund um rote Herzen. Die prangten auf den T-Shirts der Mitarbeiter (»Mit ganzem ♥ für Sie dabei«) und empfingen Kundinnen mit einem Eingangstor aus roten Luftballonherzen. Ergänzt wurde das herzliche Entree durch eine Sonderaktion, die persönlich gestaltete und beschriftete Muttertags(gebäck)herzen zum Kauf anbot. Investion: neben einigen T-Shirts und Luftballons wiederum etwas Fantasie und Engagement. Best Practice in Sachen Spiel!

Mich erstaunt immer wieder, wie wenig Verkäufer von der Möglichkeit Gebrauch machen, Kunden mit vergleichsweise einfachen Mitteln und überschaubaren Investitionen zu Fans zu machen. Fans kaufen aus Überzeugung und bleiben einem treu. Das wirkt sich spürbar auf den Umsatz aus. Damit Kunden zu Fans werden, muss zum guten Produkt ein Zusatzplus kommen. Und dabei gilt: Eine emotionale Bindung ist in vielen Fällen stärker und reißfester als Rabatte oder Treuepunkte. Sie können als Verkäufer nie sicher sein, dass nicht schon morgen jemand günstiger ist als Sie. Also sorgen Sie dafür, dass Ihre Kunden Sie mögen! Spielerische Akzente eignen sich dafür hervorragend, denn sie bescheren Ihren Kunden Momente der Abwechslung, Spaß, kleine Pausen vom Alltag. Und sie senden eine wichtige Nebenbotschaft: dass Ihre Kunden Ihnen persönlich wichtig sind. Ein Unternehmen, das spielt, will keine anonyme Verkaufsstätte sein, für die der Kunde ein gesichtsloser Umsatzlieferant ist. Ein Verkäufer, der spielt, zeigt seinem Kunden: Ich möchte dich begeistern!

Spielen Sie mit – und mehr Umsatz ist schlicht nicht zu vermeiden!

Ihr Virgil Schmid

Link statt QR-Code

Wenn Sie kein Smartphone-Besitzer sind, können Sie die Bilder und Videos zu den Beispielen aus diesem Buch natürlich auch im Internet ansehen.

http://www.spielend-verkaufen.ch, S. 5

http://url.spielend-verkaufen.ch/video-muesli, S. 14

http://url.spielend-verkaufen.ch/video-pike, S. 16

http://url.spielend-verkaufen.ch/pikeplace, S. 16

http://url.spielend-verkaufen.ch/casinobaden,, S. 17

http://url.spielend-verkaufen.ch/hundeparcours, S. 17

http://url.spielend-verkaufen.ch/video-engel, S. 18

http://url.spielend-verkaufen.ch/weinengel, S. 18

http://url.spielend-verkaufen.ch/radisson, S. 18

http://url.spielend-verkaufen.ch/migros, S. 25

http://url.spielend-verkaufen.ch/video-huhn, S. 26

http://url.spielend-verkaufen.ch/flow, S. 31

http://url.spielend-verkaufen.ch/shopping, S. 32

http://url.spielend-verkaufen.ch/trystore, S. 39

http://url.spielend-verkaufen.ch/video-victoria, S. 44

http://url.spielend-verkaufen.ch/loeb, S. 46

http://url.spielend-verkaufen.ch/globetrotter, S. 50

http://url.spielend-verkaufen.ch/airportfitness, S. 51

http://url.spielend-verkaufen.ch/buergisweyerbad, S. 56

http://url.spielend-verkaufen.ch/pitsch, S. 65

http://url.spielend-verkaufen.ch/kraeutergarten, S. 65

http://url.spielend-verkaufen.ch/mindness, S. 66

http://url.spielend-verkaufen.ch/bummlerkasse, S. 67

http://url.spielend-verkaufen.ch/video-angry, S. 70

http://url.spielend-verkaufen.ch/video-apotheke, S. 70

http://url.spielend-verkaufen.ch/video-nike, S. 75

http://url.agenturamflughafen.ch, S. 78

http://url.spielend-verkaufen.ch/video-vw, S. 88

http://url.spielend-verkaufen.ch/video-vw1, S. 88

http://url.spielend-verkaufen.ch/stadtlounge, S. 91

http://url.spielend-verkaufen.ch/mammut, S. 91

http://url.spielend-verkaufen.ch/wendesaetze, S. 92

http://url.spielend-verkaufen.ch/metzgerei, S. 93

http://url.spielend-verkaufen.ch/mailing, S. 98

http://url.spielend-verkaufen.ch/video-nespresso, S. 99

http://url.spielend-verkaufen.ch/video-nespresso1, S. 99

http://url.spielend-verkaufen.ch/schadenskizzen, S. 101

http://url.spielend-verkaufen.ch/video-bmw, S. 102

http://url.spielend-verkaufen.ch/video-snack, S. 117

http://url.spielend-verkaufen.ch/video-mercedes, S. 117

http://url.spielend-verkaufen.ch/video-old, S. 117

http://url.spielend-verkaufen.ch/video-amazon, S. 118

http://url.spielend-verkaufen.ch/video-annasbest, S. 120

http://url.spielend-verkaufen.ch/video-chor, S. 120

http://url.spielend-verkaufen.ch/appenzeller, S. 124

http://url.spielend-verkaufen.ch/weltrekord, S. 124

http://url.spielend-verkaufen.ch/appenzellerbier, S. 124

http://url.spielend-verkaufen.ch/cabriobahn, S. 128

http://url.spielend-verkaufen.ch/baumhaus, S. 129

http://url.spielend-verkaufen.ch/hotel25, S. 129

http://url.spielend-verkaufen.ch/goba, S. 130

http://url.spielend-verkaufen.ch/redbull, S. 131

http://url.spielend-verkaufen.ch/video-jaegermeister, S. 133

http://url.spielend-verkaufen.ch/jaegermeister, S. 133

http://url.spielend-verkaufen.ch/schiff, S. 134

http://url.spielend-verkaufen.ch/verkaufsspiel, S. 143

http://url.spielend-verkaufen.ch/motivation, S. 144

http://url.spielend-verkaufen.ch/memory, S. 145

http://url.spielend-verkaufen.ch/migros-basel, S. 178

Literaturempfehlungen

Marcus Buckingham / Curt Coffman, *Erfolgreiche Führung gegen alle Regeln. Wie Sie wertvolle Mitarbeiter gewinnen, halten und fördern.* Frankfurt am Main: Campus Verlag 2001.

António Damásio, *Ich fühle, also bin ich.* München: List 2000.

Arnd Florack et al. (Hg.), *Psychologie der Markenführung.* München: Vahlen 2007.

Arne Gillert, *Der Spielfaktor. Warum wir besser arbeiten, wenn wir spielen.* München: Heyne 2011.

Hans-Georg Häusel, *Brain View. Warum Kunden kaufen.* Planegg: Haufe 2008.

Johan Huizinga, *Homo Ludens. Vom Ursprung der Kultur im Spiel.* Reinbek: Rowohlt, 22. Aufl. 2004.

Jay Conrad Levinson, *Guerilla-Marketing des 21. Jahrhunderts. Clever werben mit jedem Budget.* Frankfurt: Campus Verlag 2011.

Martin Lindstrom, *Brand Sense. Warum wir starke Marken fühlen, riechen, schmecken, hören und sehen können.* Frankfurt: Campus 2011.

Stephen C. Lundin/Harry Paul/John Christensen, *Fish! Ein ungewöhnliches Motivationsbuch.* München: Redline 2010.

Christian Mikunda, *Warum wir uns Gefühle kaufen. Die 7 Hochgefühle und wie man sie weckt.* Berlin: Econ, 2. Aufl. 2010.

Axel Rachow (Hrsg.), *Spielbar. 51 Trainer präsentieren 77 Top-Spiele aus ihrer Seminarpraxis.* Bonn: managerSeminare Verlags GmbH, 4., vollst. überarb. Aufl. 2012.

Axel Rachow/Johannes Sauer (Hrsg.), *Spielbar (Swiss Edition). 49 Schweizer Trainer präsentieren 62 Top-Spiele aus ihrer Seminarpraxis.* Bonn: managerSeminare Verlags GmbH 2012.

Hermann Scherer, *Jenseits vom Mittelmaß. Unternehmenserfolg im Verdrängungswettbewerb.* Offenbach: Gabal 2009.

Ralf R. Strupat, *Das bunte Ei. Mit Kundenbegeisterung gewinnen.* Zürich: Orell Füssli 2008.

Hermann H. Wala, *Meine Marke. Was Unternehmen authentisch, unverwechselbar und langfristig erfolgreich macht.* München: Redline 2011.

Daniel Zanetti, *Kundenverblüffung. Kreative Tipps, wie Sie Ihre Kunden nachhaltig an sich binden.* Frankfurt am Main: Redline 2003.

Über den Autor

»Wer spielt, gewinnt!«, davon ist **Virgil R. Schmid** überzeugt. Der Diplom-Verkaufsleiter, Business-Coach und Organisationsberater ist leidenschaftlicher Verkäufer und erfolgsorientierter Praktiker. Er hat Autos verkauft und Finanzdienstleistungen, Vertriebsteams geführt und Umsätze im Einzelhandel verdoppelt. Er weiß, wie man Kunden zu Fans und den Einkauf zum Erlebnis macht. In seinen Workshops, Seminaren und Keynotes verbindet er auf profunde Weise verkäuferisches Know-how und aktuelle Erkenntnisse aus Psychologie, Hirnforschung und Marketing.

Als Experte für spielerischen Verkaufserfolg setzt Virgil Schmid auf positive Kundenerlebnisse – von der charmanten Kleinigkeit bis zum perfekt inszenierten Wow-Effekt. Selbst erfahrene Führungskraft, gelingt es ihm, Mitarbeiter auf der Basis der Fish!-Philosophie für eine neue, leichte, spielerische Form des Verkaufens zu begeistern. Zu seinen Kunden zählen angesehene Unternehmen und Organisationen wie Migros, Allianz Suisse, Raiffeisen, Nationale Suisse, Coop, Appenzell Tourismus, Grand Casino Baden, Upc Cablecom, Obi Schweiz, Swica Gesundheitsorganisation, Hotelplan, Appenzeller Kantonalbank, Erzgebirgssparkasse, SBB, Alstom, SFS, Remax, Landi, Tagblatt Medien sowie die Schweizerische Post. Virgil Schmid ist Mitglied im Schweizerischen Marketingclub SMC, im Berufsverband für Supervision und Organisationsentwicklung BSO, Dozent am IQ ManagementCenter, und Professional Member der German Speakers Association GSA.

Mehr unter www.fish.ch und www.spielend-verkaufen.ch.

Unternehmensverzeichnis

Unternehmen, die spielen? Hier sind sie!

Stichwort- und Personenverzeichnis